国家电投

THE RELIABILITY MANAGEMENT GUIDELINES FOR ELECTRICAL SECONDARY
SYSTEM OF FOSSIL POWER CONSTRUCTION PROJECT

火电工程电气二次系统
可靠性管理导则

国家电力投资集团有限公司　发布

U0251215

中国电力出版社
CHINA ELECTRIC POWER PRESS

图书在版编目（CIP）数据

火电工程电气二次系统可靠性管理导则/国家电力投资集团有限公司发布. —北京：中国电力出版社，2019.3
　　ISBN 978-7-5198-2981-0

　　Ⅰ．①火…　Ⅱ．①国…　Ⅲ．①火力发电－发电机组－电气设备－二次系统－可靠性管理
Ⅳ．①TM621.7

中国版本图书馆 CIP 数据核字（2019）第 052553 号

出版发行：中国电力出版社
地　　址：北京市东城区北京站西街 19 号（邮政编码 100005）
网　　址：http://www.cepp.sgcc.com.cn
责任编辑：赵鸣志（010-63412385）
责任校对：黄　蓓　朱丽芳
装帧设计：赵姗姗
责任印制：吴　迪

印　　刷：北京天宇星印刷厂
版　　次：2019 年 7 月第一版
印　　次：2019 年 7 月北京第一次印刷
开　　本：787 毫米×1092 毫米　16 开本
印　　张：6.25
字　　数：149 千字
印　　数：0001—2000 册
定　　价：40.00 元

《火电工程电气二次系统可靠性管理导则》

编 写 委 员 会

主　　任	王树东				
副 主 任	王志平	黄宝德	岳　乔		
委　　员	李　牧	刘全山	丁义军	熊建明	周奎应
	李　彬				
主　　编	岳　乔				
副 主 编	李　牧	刘全山	刘思广		
编　　委	熊建明	周奎应	冯秀芳	赵金涛	李　彬
参编人员	韩英杰	李　虎	张延林	常阿飞	韩海洋
	樊予胜	秦晓丽	许道春	马雪强	
评审人员	叶　琦	阮松柏	王海军	毛小书	李清波
	贾文亮	王　健	朱小浩	诸葛文兵	吴炳晨

前　言

　　为了补充和完善企业内部火电建设项目的管理体系标准，提高电气二次专业人员的管理水平，全面提高新建火电机组投产水平，确保安全、可靠、经济、环保运行，特制定本标准。

　　本导则自集团公司发布之日起试行。在试行过程中请将有关意见和建议函告集团公司火电部，以便进一步修改完善。

　　本导则由国家电力投资集团有限公司火电部提出、组织起草并归口管理。

　　本导则的主要起草单位：国家电力投资集团有限公司河南电力有限公司。

　　本导则系首次发布。

目 次

火电工程电气二次系统可靠性管理导则

1 总　　则

为提高国家电力投资集团有限公司（以下简称集团公司）新建火电机组电气二次设备的可靠性水平，防止继电保护装置、安全自动装置误动或拒动，实现投产机组的安全、可靠、环保、经济运行，特制定本导则。

本导则适用于集团公司全资或控股的新建、扩建或改建工程的火力发电机组。

本导则从影响可靠性的重要节点、关键因素和薄弱环节入手，降低预伏故障，从管理和技术两方面提出解决方案，对电气二次设备的设计、设备采购与监造、施工、调试及考核期等阶段的工作进行全面指导。

为提高电力系统安全生产可靠性，在设计、设备选型、安装、调试及生产运行中应积极慎重地采用和推广经过鉴定的新技术和新产品。

项目公司应在建设初期成立相应的技术监督管理网络，落实与二次系统有关的继电保护及安全自动装置监督、电测监督、电能质量监督及励磁监督主体责任和职责，参加本单位工程的设计审查、设备选型、监造、安装、调试、试生产阶段的技术监督和质量验收工作；研究专业技术存在的问题，提出解决方案并督促付诸实施，参见附录 A。

电气二次设备的设计、设备选型、安装、调试及试生产阶段的技术要求及质量验收，除应符合国家现行法律、法规和强制性标准或行业颁发的法规、标准和规程外，还应满足本导则及该工程批准文件、设计图纸、有效合同等的规定。

2 规范性引用文件

下列文件对于本文件的应用是必不可少的。凡是注日期的引用文件，仅注日期的版本适用于本文件。凡是不注日期的引用文件，其最新版本（包括所有的修改单）适用于本文件。

GB/T 2887 计算机场地通用规范

GB/T 7261 继电保护和安全自动装置基本试验方法

GB/T 7409.1 同步电机励磁系统 定义

GB/T 7409.2 同步电机励磁系统 电力系统研究用模型

GB/T 7409.3 同步电机励磁系统 大、中型同步发电机励磁系统技术要求

GB/T 9361 计算机场地安全要求

GB/T 14048.7 低压开关设备和控制设备 第 7-1 部分：辅助器件 铜导体的接线端子排

GB/T 14285 继电保护和安全自动装置技术规程

GB/T 14598.300 变压器保护装置通用技术要求

GB/T 15145 输电线路保护装置通用技术条件

GB/T 19826 电力工程直流电源设备通用技术条件及安全要求

GB 20840.2 互感器 第 2 部分：电流互感器的补充技术要求

GB/T 36050 电力系统时间同步基本规定

GB 50049 小型火力发电厂设计规范

GB/T 50062 电力装置的继电保护和自动装置设计规范

GB/T 50063 电力装置电测量仪表装置设计规范

GB 50150 电气装置安装工程 电气设备交接试验标准

GB 50171 电气装置安装工程 盘、柜及二次回路接线施工及验收规范

GB 50172 电气装置安装工程 蓄电池施工及验收规范

GB 50174 数据中心设计规范

GB 50229 火力发电厂与变电站设计防火规范

GB 50660 大中型火力发电厂设计规范

DL/T 329 基于 DL/T 860 的变电站低压电源设备通信接口

DL/T 364 光纤通道传输保护信息通用技术条件

DL/T 448 电能计量装置技术管理规程

DL/T 478 继电保护和安全自动装置通用技术条件

DL/T 544 电力通信运行管理规程

DL/T 559 220kV～750kV 电网继电保护装置运行整定规程

DL/T 584 3kV～110kV 电网继电保护装置运行整定规程

DL/T 596 电力设备预防性试验规程

DL/T 634.5101 远动设备及系统 第 5-101 部分：传输规约 基本远动任务配套标准

DL/T 634.5104　远动设备及系统　第 5-104 部分：传输规约　采用标准传输协议子集的 IEC 60870-5-101 网络访问

DL/T 667　远动设备及系统　第 5 部分：传输规约　第 103 篇：继电保护设备信息接口配套标准

DL/T 670　母线保护装置通用技术条件

DL/T 684　大型发电机变压器继电保护整定计算导则

DL/T 781　电力用高频开关整流模块

DL/T 843　大型汽轮发电机励磁系统技术条件

DL/T 866　电流互感器和电压互感器选择及计算规程

DL/T 994　火电厂风机水泵用高压变频器

DL/T 995　继电保护和电网安全自动装置检验规程

DL/T 1073　电厂厂用电源快速切换装置通用技术条件

DL/T 1166　大型发电机励磁系统现场试验导则

DL/T 1502　厂用电继电保护整定计算导则

DL/T 5028　电力工程制图标准

DL/T 5044　电力工程直流电源系统设计技术规程

DL/T 5136　火力发电厂、变电站二次接线设计技术规程

DL/T 5153　火力发电厂厂用电设计技术规程

DL/T 5229　电力工程竣工图文件编制规定

DL/T 5295　火力发电建设工程机组调试质量验收及评价规程

DL/T 5427　火力发电厂初步设计文件内容深度规定

DL/T 5437　火力发电建设工程启动试运及验收规程

DL/T 5461.8　火力发电厂施工图设计文件内容深度规定　第 8 部分：电气

DL/T 5491　电力工程交流不间断电源系统设计技术规程

DL/T 5506　电力系统继电保护设计技术规范

Q/SPI 243—2016　火电工程初步设计管理导则

国能安全〔2014〕161 号　防止电力生产事故的二十五项重点要求及编制释义

CPIYW-08-26　火电建设工程施工工艺示范手册

3 术语和定义

3.1

二次设备 secondary equipment

对一次设备进行监测、控制、调节和保护的设备。

3.2

二次回路 secondary circuit

二次设备相互连接并构成的电路。

3.3

可靠性 reliability

电力系统在长时间内供给用户合乎质量标准和所需数量的电能的能力。对于继电保护，在保护范围内发生故障时须正确动作，不能拒绝动作；保护范围之外发生的故障，保护装置不应误动作。

3.4

充裕性 adequacy

电力系统在稳态条件下，并且系统元件的负载不超出其定额，母线电压和系统频率维持在允许范围内，考虑系统元件计划和非计划停运的情况下，供给用户所需电能的能力。

3.5

安全性 security

电力系统在运行中承受故障扰动（例如突然失去电力系统的元件或短路故障等）的能力。通过下列两个特性表征：

——电力系统能承受住故障扰动引起的暂态过程并过渡到一个可接受的运行工况；

——在新的运行工况下，各种约束条件得到满足。

3.6

稳定性 stability

电力系统受到事故扰动后保持稳定运行的能力，通常根据动态过程的特征和参与动作的元件及控制系统，将稳定性的研究划分为静态稳定、暂态稳定、小扰动动态稳定、长过程动态稳定、电压稳定及频率稳定。

3.7

完整性 integrity

发输配电系统（bulk power system）保持互联运行的能力。

3.8

安全自动装置 security automatic devices of power system

用于防止电力系统失去稳定性和避免电力系统发生大面积停电事故的自动保护装置，如输电线路的自动重合闸、安全稳定控制装置、自动解列装置、自动低频减负荷装置、自动低压减负荷装置和备用电源自投装置等。

3.9

防误操作闭锁　interlocking

防止对电气设备进行误操作的功能。包括：防止误分、误合断路器；防止带负荷拉、合隔离开关；防止带电挂（合）接地线（接地开关）；防止带接地线（接地开关）送电（合隔离开关）；防止误入带电间隔。

3.10

并联切换　parallel switching

先合上备用电源断路器，再跳开工作电源断路器，或者先合上工作电源断路器，再跳开备用电源断路器的切换方式，切换过程中用电设备不会断电。

3.11

串联切换　series switching

先跳开工作电源断路器再合上备用电源断路器的切换方式，切换过程中用电设备会瞬间断电。

3.12

安全防护　security protection

为防止黑客、病毒及恶意代码等对电力二次系统发起的恶意破坏、攻击以及其他非法操作导致的电力系统事故，采用安全分区，网络专用、横向隔离、纵向认证等方法保证电力系统和电力调度数据网络安全稳定运行的措施。

4 电气二次设计管理

4.1 初步设计管理

4.1.1 一般规定

4.1.1.1 初步设计应符合 DL/T 5427《火力发电厂初步设计文件内容深度规定》的规定，同时满足 Q/SPI 243—2016《火电工程初步设计管理导则》的要求。

4.1.1.2 设计单位应根据可行性研究报告、可行性研究报告审查纪要、本项目的特点等因素提出初步设计原则，二级单位应组织对初步设计原则进行审查。

4.1.1.3 初步设计方案如采用新设备、新材料、新技术，则应有专题报告论证该方案技术上的先进性、经济上的合理性、安全上的可靠性，以及在其他工程的应用情况和在本工程应用的可能性和优越性。

4.1.1.4 电气二次初步设计应考虑工程自身的特点以及不同区域、环境等条件的特殊要求。

4.1.2 初步设计审查

4.1.2.1 初步设计文件内容深度应满足以下基本要求：

    a) 明确单元控制室和升压站继电器室布置和电气有关部分元件的控制地点，电气控制及保护设备的布置符合 DL/T 5136《火力发电厂、变电站二次接线设计技术规程》的要求。

    b) 明确主要继电保护和自动装置的配置原则及选型，应满足 GB/T 14285《继电保护和安全自动装置技术规程》的有关规定。

    c) 明确升压站系统及厂用电系统电气采用的计算机监控方案、组网原则及系统配置。

    d) 审查计算机监控系统安全防护满足《电力监控系统安全防护总体方案》（国能安全〔2015〕36 号）、《电力监控系统安全防护规范》（国家发改委令 2014 年第 14 号）要求。

    e) 明确电除尘、输煤系统及远离主厂房的生产车间控制方式、控制地点及二次设备选型等内容。

    f) 明确防误操作的方案与措施。

    g) 明确在线监测系统类型和安装范围。

    h) 明确厂内通信范围。

4.1.2.2 送审的初步设计文件应包括说明书、图纸和专题报告三部分；说明书、图纸应充分表达设计意图；重大设计原则应进行多方案的优化比选，提出专题报告和推荐方案供审批确定。

4.1.2.3 屋外配电装置的继电器室应尽量靠近配电装置布置，使控制电缆最短。

4.1.2.4 继电器室环境条件应满足继电保护装置和安全自动控制装置的安全可靠要求。应考虑空调、必要的采暖和通风条件以满足设备运行的要求。应有良好的防尘、防潮、照明、防火、防小动物措施。

4.1.2.5 电子设备间（继电器室）及就地网络继电器室地面宜选用防静电地面，也可采用防静电阻燃材料活动地板，应有良好的防尘、防潮措施。

4.1.2.6 电子设备间（继电器室）及就地网络继电器室宜避开强电磁场、强振动源和强噪声源的干扰，以保证设备的安全可靠运行。就地网络继电器室应根据房间周围的电磁环境条件和设备的抗扰性能考虑必要的电磁屏蔽措施。

4.1.2.7 电流互感器的选择与配置应符合下列规定：

a) 电流互感器实际二次负荷在稳态短路电流下的准确限值系数或励磁特性（含饱和拐点）应满足所接保护装置动作可靠性的要求。

b) 保护用电流互感器的选择应根据保护特性综合考虑，暂态特性应满足继电保护的要求，其特性应符合 DL/T 866《电流互感器和电压互感器选择及计算规程》和 GB 20840.2《互感器　第 2 部分：电流互感器的补充技术要求》的要求。

c) 电流互感器的实际二次负荷不应超过电流互感器额定二次负荷。

d) 电流互感器的类型、二次绕组的数量与准确等级应满足继电保护自动装置和测量表计的要求。

e) 保护用电流互感器的配置应避免出现主保护的死区。保护接入电流互感器二次绕组的分配应注意避免当一套保护停用时，出现电流互感器内部故障时的保护死区；双重化保护的电流互感器应采用不同的二次绕组。

f) 保护用电流互感器的配置应避免出现电流互感器内部故障时扩大故障范围。

g) 用于自动调整励磁装置时，应布置在发电机定子绕组的出线侧。电流互感器二次绕组的数量应满足励磁系统双通道的要求。

4.1.2.8 电压互感器的选择和配置应符合下列规定：

a) 应能在电力系统故障时将一次电压准确传变至二次侧，传变误差及暂态响应应符合 DL/T 866《电流互感器和电压互感器选择及计算规程》的有关规定。电磁式电压互感器应避免出现铁磁谐振。

b) 容量和准确等级（包括电压互感器辅助绕组）应满足测量装置、保护装置和自动装置的要求。

c) 对中性点非直接接地系统，需要检查和监视一次回路单相接地时，应选用三相五柱或三个单相式电压互感器，其剩余绕组额定电压应为 100/3V。中性点直接接地系统，电压互感器剩余绕组额定电压应为 100V。

d) 暂态特性和铁磁谐振特性应满足继电保护的要求。

e) 双重化保护的电压回路宜分别接入不同的电压互感器或不同的二次绕组；双断路器接线按近后备原则配备的两套主保护，应分别接入电压互感器的不同二次绕组；对双母线接线按近后备原则配备的两套主保护，可以合用电压互感器的同一二次绕组。

f) 应保证电压互感器负载端仪表、保护和自动装置工作时所要求的电压准确等级。

g) 电压互感器的一次侧隔离开关断开后，其二次回路应有防止电压反馈的措施。

h) 对电压及功率调节装置的交流电压回路应采取措施，防止电压互感器一次或二次侧断开时，发生误强励或误调节。

i) 电压互感器回路中，除接成开口三角的剩余绕组和另有规定者（如电磁式自动调整励磁装置用电压互感器）外，应在其出口装设自动开关。如自动调整励磁装置已考虑电压互感器失电闭锁强励磁措施，应装设自动开关。

4.1.3 监视和控制

机组电气设备应采用计算机监控系统进行监视和控制。可设置电气监控管理系统（ECMS）。

4.1.4 计算机监控系统

升压站电气设备应采用计算机监控系统，站控层设备宜布置在发电厂的集中控制室。防误操作闭锁可作为计算机监控系统的功能之一。

4.2 施工图设计管理

4.2.1 施工前的准备工作

设计单位在施工图设计开始前，应首先对初步设计遗留问题提出解决意见；项目公司应对设计单位的处理意见进行批复。

4.2.2 施工图纸的要求

施工图设计应确切、完整、无误。主要图纸交出、现场施工前，应组织进行设计交底。设计交底工作由项目公司或工程委托管理单位组织，设计单位进行介绍；设计交底应有施工单位、调试单位、监理单位及项目公司等方面人员参加；根据需要，可以邀请有关专家参加。在工程施工前设计单位应提交完整的正式施工图纸，项目公司应组织监理单位、施工单位进行图纸会审，项目主要设计人或设计工代应参加会审，评审施工图纸的完整性和正确性。施工图纸经过会审合格签字生效后才能用于施工。

4.2.3 应符合的标准及规范

施工图应符合 GB 50660《大中型火力发电厂设计规范》、GB 50049《小型火力发电厂设计规范》、DL/T 5136《火力发电厂、变电站二次接线设计技术规程》、GB/T 50063《电力装置电测量仪表装置设计规范》及其他有关电气二次系统设计规定。

4.2.4 施工图设计出图深度要求

4.2.4.1 设计内容深度应充分体现设计意图，满足订货、施工、运行以及管理等各方面要求，符合 DL/T 5461.8《火力发电厂施工图设计文件内容深度规定 第 8 部分：电气》及集团公司的有关规定。

4.2.4.2 设计文件的内容、深度和编制方式应重视项目公司的需求，为项目公司提供更完善的服务。

4.2.4.3 设计说明表达应条理清楚、文字简练。图纸表达应清晰完整，图例符号应符合 DL 5028《电力工程制图标准》的规定。

4.2.5 发电机励磁系统设计要求

4.2.5.1 发电机励磁系统应符合 GB/T 7409.1《同步电机励磁系统 定义》、GB/T 7409.2《同步电机励磁系统 电力系统研究用模型》和 GB/T 7409.3《同步电机励磁系统 大中型同步发电机励磁系统技术要求》的有关规定。

4.2.5.2 励磁系统应保证良好的工作环境，环境温度不得超过规定要求。励磁调节器与励磁变压器不应置于同场地内，整流柜冷却通风入口应设置滤网，必要时应采取防尘降温设备。

4.2.5.3 励磁系统中两套励磁调节器的电压回路应相应独立，使用机端不同电压互感器的二次绕组，防止其中一个故障引起发电机误强励。

4.2.5.4 励磁系统的灭磁能力应达到 GB/T 7409.3《同步电机励磁系统 大、中型同步发电机励磁系统技术要求》的规定，且灭磁装置应具备独立于调节器的灭磁能力。灭磁开关的弧压应满足误强励灭磁的要求。

4.2.5.5 自并励系统中，励磁变压器不应采取高压熔断器作为保护措施。励磁变压器保护定值应与励磁系统强励能力相配合，防止机组强励时保护误动作。

4.2.5.6 励磁变压器的绕组温度应具有有效的监视手段，并控制其温度在设备允许的范围之内。有条件的可装设铁芯温度在线监测装置。

4.2.5.7 当励磁系统中过励限制、低励限制、定子过压或过流限制的控制失效后，相应的发电机保护应完成解列灭磁。

4.2.5.8 励磁变压器高压侧封闭母线外壳用于各相别之间的安全接地连接应采用大截面金属板，不应采用导线连接，防止不平衡的强磁场感应电流烧毁连接线。

4.2.5.9 发电机转子一点接地保护装置原则上应安装于励磁系统柜。接入保护柜或机组故障录波器的转子正负极采用高绝缘的电缆且不能与其他信号共用电缆。励磁系统的二次控制电缆均应采用屏蔽电缆，电缆屏蔽层应可靠接地。

4.2.6 控制系统设计要求

4.2.6.1 发电厂应采用单元制控制方式，电力网络设备的控制部分宜设在集中控制室或第一单元控制室内，当调度部门对高压配电装置的电气设备运行有特别要求时，也可另设网络控制室。高压配电装置及单元机组的计算机监控系统应采用开放式、分布式结构，其站控层设备及网络宜采用冗余配置。火力发电厂计算机监控系统应采取抵御黑客、病毒、恶意代码等对系统的破坏、攻击以及非法操作的安全防护措施。

4.2.6.2 断路器的控制回路应满足下列规定：
a) 应有电源监视，并宜监视跳、合闸线圈回路的完整性。
b) 应能指示断路器合闸与跳闸的位置状态，自动合闸或跳闸时应能发出报警信号。
c) 合闸或跳闸完成后应使命令脉冲自动解除。
d) 有防止断路器"跳跃"的电气闭锁措施。
e) 接线应简单可靠，使用电缆芯最少。当芯线截面为 1.5mm² 或 2.5mm² 时，电缆芯数不宜超过 24 芯。当芯线截面为 4mm² 及以上时，电缆芯数不宜超过 10 芯。弱电控制电缆不宜超过 50 芯。
f) 断路器控制电源消失及控制回路断线应发出报警信号，控制回路断线应闭锁断路器操作。

4.2.6.3 分相操动机构的断路器，当设有综合重合闸或单相重合闸装置时，应满足事故时单相和三相跳、合闸的功能。其他情况下，均应采用三相操作控制。

4.2.6.4 隔离开关、接地开关和母线接地开关都必须有操作闭锁措施，严防电气误操作。电气防误操作系统后台的电源应单独设置。

4.2.6.5 液压操动机构的断路器，当压力降低至规定值时，应相应闭锁重合闸、合闸及跳闸回路。应有油压接点控制的自动启动和停止压力油泵电动机回路。弹簧操动机构的断路器应有弹簧储能与否的闭锁及信号。灭弧介质为 SF₆ 的断路器应有 SF₆ 压力降低报警和闭锁回路。

4.2.6.6 分相操作的断路器机构应有非全相自动跳闸回路，并能够发出断路器非全相信号。

4.2.6.7 对具有电流或电压自保持的继电器，如防跳跃闭锁继电器等，在接线中应标明极性。

4.2.6.8 发电厂和变电站中重要设备和线路的继电保护和自动装置应有监视操作电源的回路，并发出报警信号至计算机监控系统。

4.2.6.9 继电保护及自动装置动作后应能在计算机监控和就地及时将信号予以复归。

4.2.6.10 由配电装置至继电器室的电压互感器回路的电缆，星形接线和开口三角接线回路应使用各自独立的电缆，中性点接地线、开口三角接线的接地线应分别引接。

4.2.6.11 电压互感器二次侧互为备用的切换应设切换开关控制。在切换后，监控系统应有信号显示。中性点非直接接地系统的母线电压互感器应设有绝缘监察信号装置及抗铁磁谐振措施。

4.2.6.12 发电机出口或发电机-变压器组各侧断路器全断开时，应闭锁发电机的强行励磁装置。

4.2.6.13 每台强迫油循环风（水）冷却变压器的通风控制柜应由两路电源供电，电源供电侧应用自动开关保护；变压器冷却器全停时，应自动发出信号，并根据现行的电力变压器标准的规定，限时断开变压器各侧断路器。

4.2.7　继电保护及安全自动装置设计要求

4.2.7.1 系统继电保护和安全自动装置的设计应符合 GB/T 14285《继电保护和安全自动装置技术规程》的有关规定。

4.2.7.2 火力发电厂的发电机、主变压器以及高压厂用变压器不宜采用测控一体化的保护装置。高、低压厂用电系统可采用保护与测控功能合一的综合保护测控装置，但装置中的保护功能宜相对独立。

4.2.7.3 双重化配置的保护装置宜分别安装在不同的保护屏上，当其中一套保护因异常需退出运行或检修时，不应影响另一套保护的正常运行。

4.2.7.4 两套保护装置的交流电流应分别取自电流互感器相互独立的绕组；交流电压宜分别取自电压互感器互相独立的绕组。其保护范围应交叉重叠，避免死区。

4.2.7.5 双重化配置的电量保护装置的直流电源应相互独立。当机组配置有两组蓄电池时，两套电量保护应由两组蓄电池分别供电。

4.2.7.6 非电量保护应设置独立的电源，当机组配置有两组蓄电池时，非电量保护电源宜设置电源切换回路，电源分别从两组蓄电池引接。

4.2.7.7 保护装置直流空气开关、交流空气开关应与上一级开关及总路空气开关保持级差关系，防止由于下一级电源故障时，扩大失电元件范围。

4.2.7.8 继电保护及相关设备的端子排，宜按照功能进行分区、分段布置；正、负电源之间，跳（合）闸引出直流回路之间等，应至少采用一个空端子隔开。

4.2.7.9 双母线接线变电站的母差保护、断路器失灵保护，除跳母联、分段的支路外，应经复合电压闭锁。

4.2.7.10 变压器、电抗器如配置单套非电量保护，应同时动作于断路器的两个跳闸线圈。未采用就地跳闸方式的变压器非电量保护应设置独立的电源回路（包括直流空气小开关及其直流电源监视回路）和出口跳闸回路，且必须与电气量保护完全分开。当变压器、电抗器采用就地跳闸方式时，应向监控系统发送动作信号。

4.2.7.11 220kV 及以上电气模拟量必须接入故障录波器，发电厂发电机、变压器不仅录取各侧的电压、电流，还应录取公共绕组电流、中性点零序电流和中性点零序电压。所有保护出口信息、通道收发信情况及开关分合位情况等变位信息应全部接入故障录波器。

4.2.7.12 300MW 及以上容量发电机应配置启、停机保护及断路器断口闪络保护（并网开关采用 GCB 的除外）。

4.2.7.13 火力发电厂与电网连接处均应装设实现保护动作跳闸的断路器。330kV 及以上设备三相故障清除时间不应大于 90ms，110kV～220kV 设备三相故障清除时间不应大于 120ms。

4.2.7.14 火力发电厂送出电压等级为 500kV 及以上，且线路较长、路径地形复杂，宜配置专用故障测距装置。

4.2.7.15 送出电压等级为 220kV 及以上的火力发电厂应配置 1 套保护及故障信息管理系统子站，功能应包括采集系统继电保护、发电机-变压器组保护的信息，并应上传至调度端。

4.2.7.16 火力发电厂应按电力系统要求装设安全稳定控制装置，如高周切机装置、失步解列装置、零功率切机装置、低周减载装置等稳控装置。

4.2.7.17 火力发电厂应配置功角测量装置。上传的信息应包括机端三相电压、三相电流，发电机内电势相量、发电机转速脉冲量，以及励磁系统和调速系统相关参数。

4.2.7.18 对处于存在次同步振荡、谐振、直流偏磁等问题的地区电网的火力发电厂，应采取相应的抑制或治理措施。

4.2.8　调度自动化系统子站设计要求

4.2.8.1 火力发电厂应将调度需要的远动信息直接送往相关调度中心，并应接受其调度控制命令。调度自动化信息传输至各调度中心应采用调度数据通信网络和专线通道互为主、备用的方式。通信规约应符合 DL/T 634.5101《远动设备及系统　第 5-101 部分：传输规约　基本远动任务配套标准》、DL/T 634.5104《远动设备及系统　第 5-104 部分：传输规约　采用标准传输协议子集的 IEC 60870-5-101 网络访问》的有关规定和电网调度的要求；火力发电厂远方终端装置或计算机监控系统应正确传送电厂信息到电网调度机构能量管理系统主站系统，并应正确接收和执行能量管理系统主站系统下发的自动发电控制及自动电压控制指令。

4.2.8.2 参与自动发电控制的机组的运行参数应通过远动通道传输到相关电网调度机构的能量管理系统。运行参数应包括自动发电控制机组调整上/下限值、调节速率、响应时间，以及火电机组分散控制系统的"机组允许自动发电控制运行"和"机组自动发电控制投入/退出"的状态信号。

4.2.8.3 自动电压控制相关信息应通过远动通道传输到相关调度机构的能量管理系统主站系统。相关信息应包括母线电压、发电机出口电压、发电机定子电流、自动电压控制装置投入/退出、分散控制系统远方/当地控制、励磁系统状态信号。

4.2.8.4 火力发电厂应配置电能量计量厂站系统，应包括电能量采集装置和电能表。

4.2.8.5 火力发电厂应配置电力调度网接入设备。

4.2.9　厂用电二次设计

4.2.9.1 厂用电继电保护应符合 GB/T 14285《继电保护和安全自动装置技术规程》的要求。

4.2.9.2 保护用电流互感器（包括中间电流互感器）应为 P 级，其复合误差不应大于 10%。小变比高动热稳定的电流互感器应能保证馈线三相短路时保护可靠动作。差动保护回路不应与测量仪表合用电流互感器的二次绕组。测控一体保护装置宜分别引自电流互感器的保护用二次绕组和测量用二次绕组，以保证同时满足保护和测量精度的要求。对于仅能引自一组电流互感器二次绕组的测控一体保护装置，为保证保护的正确动作，应引自电流互感器的保护用二次绕组，测量功能可另装设表计。其他保护装置也不宜与测量仪表合用电流互感器的二次绕组，若受条件限制需合用电流互感器的二次绕组时，应遵循下列原则：

a） 保护装置应设置在仪表之前，以避免校验仪表时影响保护装置的工作。

b） 对于电流回路开路可能引起保护装置不正确动作，而又未装设有效的闭锁和监视时，仪表应经中间电流互感器连接，当中间电流互感器二次回路开路时，保护用电流互感器的复合误差仍不应大于 10%。

4.2.9.3 当单机容量为 100MW 级及以上机组的高压厂用工作变压器、单机容量为 200MW 级及以上或电压为 220kV 及以上的高压厂用备用或高压启动/备用变压器装设微机保护时，除非电量保护外，保护应双重化配置。双重微机型成套保护装置，各侧电流互感器、电压互感器应满足继电保护双重化配置的要求，并相互独立；两套保护的直流、开入信号、操作箱及出口回路宜相互独立。双重微机型成套保护装置，各侧电流互感器、电压互感器应满足继电保护双重化配置的要求，并相互独立；两套保护的直流、开入信号、操作箱及出口回路宜相互独立。当断路器具有两组跳闸线圈时，两套保护宜分别动作于断路器的一组跳闸线圈。

4.2.9.4 高压厂用工作变压器、高压厂用备用或高压启动/备用变压器应装设本体保护，变压器本体保护包括瓦斯保护、压力释放保护、绕组温度及油温的温度保护，以及油位低保护、冷却系统故障或失电保护等。

4.2.9.5 高压厂用备用或高压启动/备用变压器接于 330kV 及以上的电气系统时，应装设过励磁保护。

4.2.9.6 低压厂用变压器、高压厂用电动机的保护与操作设备有两种，断路器或熔断器串真空接触器，保护根据不同的保护和操作设备进行配置。

4.2.9.7 采用变频调速的高压电动机，变频器电源断路器侧的保护宜按输入隔离变压器、电力电子装置、电动机三个区域分别考虑保护功能。在变频器至电动机的输出端应装设电动机保护装置。

4.2.9.8 厂用电动机低电压保护，对于Ⅰ类电动机，当装有自动投入的备用机械时，或为保证人身和设备安全，在电源电压长时间消失后须自动切除时，均应装设 9s～10s 时限的低电压保护，动作于断路器跳闸。为保证接于同段母线的Ⅰ类电动机自启动，对不要自启动的Ⅱ、Ⅲ类电动机和不能自启动的电动机宜装设 0.5s 时限的低电压保护，动作于断路器跳闸。

4.2.9.9 厂用电气设备的测量仪表设计应符合 GB/T 50063《电力装置电测量仪表装置设计规范》的相关要求。表计的装设可按照 DL/T 5153《火力发电厂厂用电设计技术规程》的相关规定确定。

4.2.9.10 电能表的装设及准确度等级和电流互感器的配置应满足以下要求：

a） 高压厂用变压器或厂用电抗器的电源侧应装设 0.5 级有功电能表，配置 0.5S 级电流互感器。

b） 高压厂用备用或启动/备用电源的关口计量点应装设 0.2 级有功电能表，配置 0.2S 或 0.2 级电流互感器。

c） 低压厂用变压器的电源侧可装设 0.5 级有功电能表，配置 0.5 级电流互感器。

d） 电能计量用电流互感器额定一次电流宜使正常运行时回路实际负荷电流达到其额定值的 60%，不应低于其额定值的 30%，S 级电流互感器应为 20%；如不能满足上述要求，应选用高动热稳定的电流互感器以减小变比，或选用二次绕组带抽头的电流互感器。

  e) 电能表宜安装在高压开关柜或低压配电屏上。

4.2.9.11 当厂用电设备的电气量利用综合保护或测控装置的模拟输出，或采用相应电气量变送器时，其准确度等级不应低于互感器的准确度等级。

4.2.9.12 高压厂用电源、低压厂用电源、保安电源、厂用电动机的正常切换、事故切换应满足 DL/T 5153《火力发电厂厂用电设计技术规程》的相关规定确定。

4.2.9.13 柴油发电机的测量应满足以下要求：

  a) 就地控制屏上应装设可显示电流、电压、功率因数、有功功率和频率及启动电源直流电压的表计或装置。

  b) 单元控制室计算机监控系统应采集柴油发电机电流、电压、频率、有功功率。

4.2.9.14 柴油发电机的电气联锁应满足以下要求：

  a) 柴油发电机宜在就地装设同期并列装置。

  b) 正常工况下，包括柴油发电机的带载试验时，保安段的厂用工作电源与柴油发电机之间可采用并联切换。

  c) 事故状态下，保安段的厂用工作电源与柴油发电机之间应采用串联断电切换。

4.2.10 直流系统及 UPS 设计

4.2.10.1 直流系统设计应符合 DL/T 5044《电力工程直流电源系统设计技术规程》的规定。

4.2.10.2 发电机组用直流电源系统与升压站用直流电源系统必须相互独立。

4.2.10.3 变电站、升压站直流系统配置应充分考虑设备检修时的冗余，330kV 及以上电压等级变电站、升压站及重要的 220kV 变电站、升压站，应采用三台充电、浮充电装置，两组蓄电池组的供电方式。每组蓄电池和充电机应分别接于一段直流母线上，第三台充电装置（备用充电装置）可在两段母线之间切换，任一工作充电装置退出运行时，手动投入第三台充电装置。变电站、升压站直流电源供电质量应满足微机保护运行要求。

4.2.10.4 发电厂动力、UPS 及应急电源用直流系统，按主控单元，应采用三台充电、浮充电装置，两组蓄电池组的供电方式。每组蓄电池和充电机应分别接于一段直流母线上，第三台充电装置（备用充电装置）可在两段母线之间切换，任一工作充电装置退出运行时，手动投入第三台充电装置。其标称电压应采用 220V。直流电源的供电质量应满足动力、UPS 及应急电源的运行要求。

4.2.10.5 发电厂控制、保护用直流电源系统，按单台发电机组，应采用两台充电、浮充电装置，两组蓄电池组的供电方式。每组蓄电池和充电机应分别接于一段直流母线上。每一段母线各带一台发电机组的控制、保护用负荷。直流电源的供电质量应满足控制、保护负荷的运行要求。

4.2.10.6 采用两组蓄电池供电的控制直流电源系统，每组蓄电池组的容量应能满足同时带两段直流母线负荷的运行要求。

4.2.10.7 发电厂、变电站、升压站直流系统的馈出网络应采用辐射状供电方式，严禁采用环状供电方式。

4.2.10.8 变电站直流系统对负载供电，应按电压等级设置分电屏供电方式，不应采用直流小母线供电方式。

4.2.10.9 发电机组直流系统对负载供电，应按供电设备所在段设置分电屏，不应采用直流小母线供电方式。

4.2.10.10 直流母线采用单母线供电时，应采用不同位置的直流开关，分别带控制用负荷和保护用负荷。

4.2.10.11 新建或改造的直流电源系统选用充电、浮充电装置，应满足稳压精度优于 0.5%、稳流精度优于 1%、输出电压纹波系数不大于 0.5% 的技术要求。在用的充电、浮充电装置如不满足上述要求，应逐步更换。

4.2.10.12 直流系统用断路器应采用具有自动脱扣功能的直流断路器，严禁使用普通交流断路器。

4.2.10.13 蓄电池组保护用电器应采用熔断器，不应采用断路器，以保证蓄电池组保护电器与负荷断路器的级差配合要求。

4.2.10.14 除蓄电池组出口总熔断器以外，其他直流回路宜选用直流专用断路器。当负荷直流断路器与蓄电池组出口总熔断器配合时，应考虑动作特性的不同，对级差做适当调整。

4.2.10.15 直流系统的电缆应采用耐火电缆或采取了规定的耐火防护措施的阻燃电缆，两组蓄电池的电缆应分别铺设在各自独立的通道内，尽量避免与交流电缆并排铺设。在穿越电缆竖井时，两组蓄电池电缆应加穿金属套管。

4.2.10.16 直流系统应装设直接测量绝缘电阻值的绝缘监测装置，其测量准确度不应低于 1.5 级。绝缘监测装置不应采用交流注入法测量直流电源系统绝缘状态，应采用直流原理的直流系统绝缘检测装置，装置应具备监测蓄电池组合蓄电池绝缘的功能，同时应具备交流窜入直流故障的测记和报警功能。

4.2.10.17 两组蓄电池组的直流系统，应满足在运行中二段母线切换时不中断供电的要求，切换过程中允许两组蓄电池短时并联运行，禁止在两系统都存在接地故障的情况下进行切换。

4.2.11 通信设计要求

4.2.11.1 火力发电厂至调度中心应具有两个及以上独立通信路由，应具有两种及以上通信方式的调度电话，满足"双设备、双路由、双电源"的要求，且至少保证有一路单机电话。省调及以上调度及许可厂、站必须至少具备一种光纤通信手段。火力发电厂端通信设备配置选型应与电网系统端（对端）保持一致。

4.2.11.2 同一条 220kV 及以上线路的两套继电保护和同一系统的有主/备关系的两套安全自动装置通道，应由两套独立的通信传输设备分别提供，并分别由两套独立的通信电源供电，重要线路保护及安全自动装置通道应具备两条独立的路由，满足"双设备、双路由、双电源"的要求。

4.2.11.3 线路纵联保护使用复用接口设备传输允许命令信号时，不应带有附加延时展宽。

4.2.11.4 火力发电厂应配置系统通信专用直流电源系统，应按双重化原则配置电源设备。其单组蓄电池组容量放电时间不应小于 2h。蓄电池组容量应兼顾系统未来发展的需求。

4.2.11.5 通信设备应采用独立的空气开关或直流熔断器供电，禁止多台设备共用一只分路开关或熔断器。各级开关或熔断器保护范围应逐级配合，避免出现分路开关或熔断器与总开关或熔断器同时跳开或熔断，导致故障范围扩大的情况。

4.2.11.6 火力发电厂应配置系统调度程控交换机，并应满足接入属地电网的要求，其用户线容量宜为 48 线～96 线。系统调度程控交换机宜和生产调度程控交换机合并设置，其容量应相叠加。

4.2.11.7 火力发电厂可配置综合数据网接入设备接入电网公司的综合数据网。

4.2.11.8 发电厂的通信光缆应采用不同路由的电缆沟（竖井）进入通信机房和主控室；避免与一次动力电缆沟（架）布放，并完善防火阻燃、阻火分割、防小动物封堵等各项安全措施，绑扎醒目的识别标志；如不具备条件，应采取电缆沟（竖井）内部分隔离等措施进行有效隔离。

4.2.11.9 火力发电厂的厂内通信设计应包括生产管理通信、生产调度通信、通信电缆（光缆）网络，以及通信机房、通信电源、接地等其他辅助设施。

4.2.11.10 火力发电厂厂内通信应设置生产管理程控交换机，并可兼作生产调度通信的备用。火力发电厂生产管理程控交换机的容量（不包括居住区）应按火力发电厂的管理体系、人员编制、自动化水平、规划装机台数和容量选择。当火力发电厂有扩建的可能时，交换机应能按电厂终期规模的要求进行扩容。

4.2.11.11 生产管理程控交换机的类型应与所在地电信及电力系统通信部门相协调。

4.2.11.12 火力发电厂应设置生产调度程控交换机。生产调度程控交换机应具备与系统调度程控交换机、生产管理程控交换机的中继接口、中继信令。火力发电厂的运煤系统可根据系统的规模大小设置扩音/呼叫系统。

4.2.11.13 300MW级及以上机组的火力发电厂可设置检修通信设施。厂内通信可配置无线对讲机。

4.2.11.14 水源地、灰场等厂区外的场所可设置厂内电话、无线对讲机或公用网电话。

4.2.11.15 火力发电厂内通信设备所需的交流电源应由可靠的、来自不同母线段的双回路交流电源供电。通信设备所需的直流电源应由通信专用直流电源系统提供。单组蓄电池的放电时间不应小于 1h。

4.2.12 接地与抗干扰

4.2.12.1 电流互感器的二次回路应有且只能有一个接地点，宜在配电装置处经端子排接地。由几组电流互感器绕组组合且有电路直接联系的回路，电流互感器二次回路应在和电流处一点接地。

4.2.12.2 电压互感器二次绕组的接地应符合下列规定：

a) 对中性点直接接地系统，电压互感器星形接线的二次绕组应采用中性点一点接地方式（中性线接地）。

b) 对中性点不接地或非直接接地系统，电压互感器星形接线的二次绕组中性点接地线中不应串接有断开可能的设备。对 V-V 接线的电压互感器，B 相接地线上不应串接有可能断开的设备。电压互感器开口三角绕组的引出端之一应一点接地，接地引线上不应串接有断开可能的设备。

c) 几组电压互感器二次绕组之间有电路联系或者地中电流会产生零序电压使保护误动作时，接地点应集中在继电器室内一点接地。无电路联系时，可分别在不同的继电器室或配电装置内接地。

4.2.12.3 有交流电源输入的二次机柜应有工作接零。供电电缆中应含零线芯。零线芯不应与二次机柜的金属外壳相连接。当为三相五线制交流电源向二次机柜供电时，供电电缆中应含零线芯（N）和保护接地线（PE）芯。接地线（PE）芯应与二次机柜的金属外壳相连接。

4.2.12.4 应采取有效措施防止空间磁场对二次电缆的干扰，应根据开关场和一次设备安装的

实际情况，敷设与厂、站主接地网紧密连接的等电位接地网。等电位接地网应满足以下要求：

a) 应在主控室、保护室、敷设二次电缆的沟道、开关场的就地端子箱等处，使用截面不小于 $100mm^2$ 的裸铜排（缆）敷设与主接地网紧密连接的等电位接地网。

b) 在主控室、保护室柜屏下层的电缆室（或电缆沟道）内，按柜屏布置的方向敷设 $100mm^2$ 的专用铜排（缆），将该专用铜排（缆）首末端连接，形成保护室内的等电位接地网。保护室内的等电位接地网与厂、站的主接地网只能存在唯一连接点，连接点位置宜选择在保护室外部电缆沟道的入口处。为保证连接可靠，连接线必须用至少 4 根以上、截面不小于 $50mm^2$ 的铜缆（排）构成共点接地。

c) 沿开关场二次电缆的沟道敷设截面不少于 $100mm^2$ 的铜排（缆），并在保护室（控制室）及开关场的就地端子箱处与主接地网紧密连接。保护室（控制室）的连接点宜设在室内等电位接地网与厂、站主接地网连接处。

d) 由开关场的变压器、断路器、隔离开关和电流、电压互感器等设备至开关场就地端子箱之间的二次电缆应经金属管从一次设备的接线盒（箱）引至电缆沟，并将金属管的上端与上述设备的底座和金属外壳良好焊接，下端就近与主接地网良好焊接。上述二次电缆的屏蔽层在就地端子箱处单端使用截面不小于 $4mm^2$ 的多股铜质软导线可靠连接至等电位接地网的铜排上，在一次设备的接线盒（箱）处不接地。

4.2.13 电气二次安全防护设计要求

4.2.13.1 发电厂电气二次系统安全防护满足国家发改委令 2014 年第 14 号《电力监控系统安全防护规范》、国能安全〔2015〕36 号《电力监控系统安全防护总体方案》及配套方案，确保电力二次系统安全防护体系完整可靠，具有数据网络安全防护实施方案和网络安全隔离措施，分区合理，隔离措施完备、可靠。

4.2.13.2 电力二次系统安全防护策略从边界防护逐步过渡到全过程安全防护，禁止选用经国家相关管理部门检测存在信息安全漏洞的设备。安全四级主要设备应满足电磁屏蔽的要求，全面形成具有纵深防御的安全防护体系。

4.2.13.3 生产控制大区内部的系统配置应符合规定要求，硬件满足要求；生产控制大区一和二之间应实现逻辑隔离，防火墙规则配置应严格。

4.2.13.4 发电厂的生产控制大区与管理信息大区间相连必须采取接近于物理隔离强度的隔离措施；如以网络方式相连，必须部署电力专用横向单向安全隔离装置。发电厂内同属于控制区的各机组监控系统之间、机组监控系统与公用控制系统之间，尤其与输变电部分控制系统之间应当采取必要的访问控制措施。

4.2.13.5 非控制区内厂站端电能量采集装置与电厂其他的业务系统不存在网络方式连接、只接受调度端电能量计量系统的拨入请求、且使用专用通信协议时，可以不采取安全防护措施。

4.2.13.6 对于省级以上调度机构直调发电厂的二次系统，可在厂级层面构造控制区和非控制区。将故障录波装置和电能量采集装置置于非控制区；对于发电厂的控制区内具有电能量采集装置，也可以只将计量通信网关置于非控制区。对于具有远方设置功能的继电保护管理终端应当置于控制区，否则可以置于非控制区。

4.2.13.7 参与系统自动发电控制（AGC）、自动无功/电压控制（AVC）调节的发电厂应当在电力调度数据网边界配置纵向加密认证装置或纵向加密认证网关进行安全防护。

4.2.13.8 发电厂电力市场报价终端部署在非控制区，与运行在管理信息大区的报价辅助决策系统信息交换应当采用电力专用横向单向安全隔离装置。发电企业的市场报价终端与同安全区内其他业务系统进行数据交换时，应当采取必要的安全措施，以保证敏感数据的安全。

4.2.13.9 发电厂管理信息大区的业务主要运行在发电企业数据网或公共数据网，各发电企业可遵照安全防护规定的原则，根据各自实际情况，自行决定其安全防护策略和措施。

4.2.13.10 发电厂应配备全站统一的卫星时钟设备和网络授时设备，对站内各种系统和设备的时钟进行统一校正。主时钟应采用双机冗余配置。时间同步装置应能可靠应对时钟异常跳变及电磁干扰等情况，避免时钟源切换策略不合理等导致输出时间的连续性和准确性受到影响。被授时系统（设备）对接收到的对时信息应做校验。

4.2.14　主要电气二次设备选型要求

4.2.14.1 低压厂用变压器、高压电动机采用微机型综合测控保护装置。

4.2.14.2 应根据系统短路容量合理选择电流互感器的容量、变比和特性，满足保护装置整定配合和可靠性的要求。新建和扩建工程宜选用具有多次级的电流互感器，优先选用贯穿（倒置）式电流互感器。

4.2.14.3 差动保护用电流互感器的相关特性宜一致。

4.2.14.4 主设备非电量保护应防水、防震、防油渗漏、密封性好。气体继电器至保护柜的电缆应尽量减少中间转接环节。

4.2.14.5 应充分考虑电流互感器二次绕组合理分配，对确实无法解决的保护动作死区，在满足系统稳定性要求的前提下，可采取启动失灵和远方跳闸等后备措施加以解决。

4.2.14.6 同一集控站范围内应选用同一类型的微机防误系统，以保证集控主站和受控子站之间的"五防"信息能够互联互通、"五防"功能相互配合。微机防误闭锁装置电源应与继电保护及控制回路电源独立。微机防误装置主机应由不间断电源供电。

4.2.14.7 成套高压开关柜、成套六氟化硫（SF_6）组合电器（GIS/HGIS）五防功能应齐全、性能良好，出线侧应装设具有自检功能的带电显示装置，并与线路侧接地开关实行联锁。

4.2.14.8 继电保护及安全自动装置应选用抗干扰能力符合有关规程规定的产品。在保护装置内，直跳回路开入量应设置必要的延时防抖回路，防止由于开入量的短暂干扰造成保护装置误动出口。

4.2.14.9 贸易结算用高压电能计量装置应具有符合 DL/T 566《电压失压计时器》要求的电压失压计时功能。35kV 以上贸易结算用电能计量装置的电压互感器二次回路，不应装设隔离开关辅助接点，但可装设快速自动空气开关；35kV 及以下贸易结算用电能计量装置的电压互感器二次回路，计量点在用户侧的应不装设隔离开关辅助接点和快速自动空气开关等。

4.2.14.10 所有电气设备（变压器、电动机、开关等）和远动、通信、计费系统设备的选型均应符合先进、安全、可靠、高效、节能、环保、优质的原则。

4.3　竣 工 图 设 计 管 理

工程结束后，设计院应按 DL/T 5229《电力工程竣工图文件编制规定》规定进行竣工图编制工作。竣工图设计依据"设计变更通知单"以及施工单位、调试单位或项目公司的"工程联系单"和设计更改的有关文件、施工验收记录和调试记录编制竣工图文件。对每册修改的图纸，附上必要的修改说明。

5 电气二次设备管理

5.1 一 般 规 定

5.1.1 电气二次设备应选用原理成熟、技术先进、制造质量可靠，能满足可靠性、选择性、灵敏性和速动性要求，并在行业内有成功运行经验的产品。同时充分考虑充分考虑制造厂商的技术力量、质保体系、售后服务情况。涉网设备选型及配置应征求电网调度机构意见，并满足调度机构相关管理规定及反事故措施的有关要求。

5.1.2 厂站内的继电保护设备、远动装置、相量测量装置、电能量终端、时间同步装置、电能表计、励磁控制系统、电能质量监测装置、计量监控系统及其测控单元、变送器及安全防护设备等自动化设备必须是通过电力行业认可的检测机构检测合格的产品。

5.1.3 同一厂站内保护装置型号不宜过多，以利于运行人员操作、维护校验和备品备件的管理。

5.2 继电保护装置配置

5.2.1 火电企业在确定新（扩）建、技改工程的继电保护配置方案时，继电保护设备选型技术条件应符合 GB/T 14285《继电保护和电网安全自动装置技术规程》、GB/T 50062《电力装置的继电保护和自动装置设计规范》、DL/T 478《继电保护和安全自动装置通用技术条件》、DL/T 5136《火力发电厂、变电站二次接线设计技术规程》等相关标准、规范的要求。

5.2.2 100MW 及以上发电机或发电机-变压器组、220kV 及以上电力变压器、220kV 和以上母线和电力线路，应配置双重化保护（非电气量保护除外）。600MW 及以上发电机-变压器组非电气量保护应根据主设备配套情况，有条件也可进行双重化配置。

5.2.3 100MW 及以上发电机-变压器组的每套主保护宜具有发电机纵联差动保护和变压器纵联差动保护功能。电流回路断线允许差动保护动作跳闸。

5.2.4 100MW 以下发电机应装设保护区不小于 90%的定子接地保护，对 100MW 及以上的发电机应装设保护区为 100%的定子接地保护。为检查发电机定子绕组及出线回路的绝缘状况，保护装置应能监视发电机端零序电压值。

5.2.5 50MW 及以上发电机，定子绕组为星形接线，每相有并联分支或中性点只有三个引出端子，应装设定子匝间保护。采用零序电压原理的发电机匝间保护应设有负序功率方向闭锁元件。故障分量负序方向保护无需装设电压互感器或电流互感器断线闭锁元件，但电压互感器断线应发信。

5.2.6 对于发电机外部相间短路，自并励（无串联变压器）发电机，宜采用带电流记忆（保持）的低压过电流保护，保护装置宜配置在发电机中性点侧。对于 100MW 及以上的汽轮发电机，宜装设过电压、过负荷、过励磁、逆功率、失磁、失步、频率异常、励磁回路接地、其他故障和异常运行的保护。发电机励磁绕组过负荷保护应与励磁调节器过励磁限制相配合。300MW 及以上容量的发电机宜装设零功率保护。

5.2.7 自并励发电机的励磁变压器宜采用电流速断保护作为主保护；过电流保护作为后备保

护。励磁变压器保护定值应与励磁系统强励能力相配合，防止机组强励时保护误动作。励磁变压器的绕组温度应具有有效的监视手段，并控制其温度在设备允许的范围之内。

5.2.8 电压在 10kV 以上、容量在 10MVA 及以上的变压器，应装设纵差保护。对于电压为 10kV 的重要变压器，当电流速断保护灵敏度不符合要求时也可采用纵差保护。在变压器过励磁时不应误动作；电流回路断线允许差动保护动作跳闸。

5.2.9 0.4MVA 及以上车间内油浸式变压器和 0.8MVA 及以上油浸式变压器，均应装设瓦斯保护。带负荷调压变压器充油调压开关，亦应装设瓦斯保护。变压器本体保护宜采用就地跳闸方式，即将变压器本体保护通过较大启动功率中间继电器的两对触点分别直接接入断路器的两个跳闸回路。

5.2.10 对外部相间短路引起的变压器过电流，变压器应装设相间短路后备保护，宜选用过电流保护、复合电压（负序电压和线间电压）启动的过电流保护或复合电流保护（负序电流和单相式电压启动的过电流保护）。

5.2.11 变压器中性点直接或小电阻接地运行，对单相接地引起的变压器过电流，应装设零序过电流保护。容量在 0.4MVA 及以上并列运行的变压器或作为其他负荷备用电源的单独运行的变压器，应装设过负荷保护。对于高压侧为 330kV 及以上的变压器，应装设过励磁保护，整定计算应按励磁调节器 V/Hz 限制首先动作，再由过励磁保护动作的原则进行整定和校核。

5.2.12 油浸式变压器非电量保护包括：油面降低、油温过高、绕组温度过高、油箱压力过高、速动油压、产生瓦斯或冷却系统故障等。变压器非电气量保护不应启动失灵保护。

5.2.13 3kV～66kV 线路应装设相间短路、单相接地、过负荷等相应的保护装置。220kV 电压等级线路微机保护应按双重化配置。220kV 线路保护应按"加强主保护、简化后备保护"的基本原则配置，后备保护宜采用近后备方式。

5.2.14 220kV 及以上电压等级变电站的母线保护应按双重化配置。母线保护仅实现三相跳闸出口；当交流电流回路不正常或断线时应闭锁母线差动保护，并发出报警信号；对一个半断路器接线，可以只发报警信号，不闭锁母线差动保护。

5.2.15 220kV～500kV 电力网以及 110kV 电力网的个别重要部分，应装设一套断路器失灵保护。失灵保护的判别元件一般应为相电流元件；发电机-变压器组或变压器断路器失灵保护的判别元件应采用零序电流元件或负序电流元件。判别元件的动作时间和返回时间均不应大于 20ms。非电量保护及动作后不能随故障消失而立即返回的保护（只能靠手动复位或延时返回）不应启动失灵保护。

5.2.16 电压为 3kV 及以上的异步电动机应装设相应的保护：定子绕组相间短路、定子绕组单相接地、定子绕组过负荷、定子绕组低电压、相电流不平衡及断相保护等。2MW 及以上的电动机，或 2MW 以下但电流速断保护灵敏系数不符合要求时，可装设纵联差动保护。作为主保护的后备，宜装设过电流、零序、负序、过负荷等保护。

5.2.17 对 200MW 及以上机组的大容量辅机，为了提高运行的经济性，可采用双速电动机或变频调速等其他调速措施。选用变频器时，应分析不同变频装置的原理，评估和比较整流和逆变环节可能产生的谐波危害，选择合适的变频装置及相应的电气设备。变频器应符合 DL/T 994—2006《火电厂风机水泵用高压变频器》的规定。

5.2.18 高压电动机变频调速装置的控制系统和继电保护设计应能保证机组各种工况下安全

运行，包括系统稳态调节精度、机组快速减负荷（RB）工况等。调速装置应具有较强的抗厂用电干扰能力，如电压跌落、失波、瞬时停电和过电压等。

5.2.19 低压变频调速装置应具有频率范围设定功能。在正常情况下，变频调速装置输出三相电压的不平衡度不超过 5%。变频调速装置应具有输出过载（150%额定电流）、输出短路、输入缺相、输入欠压（80%额定电压）、输入过压（115%额定电压）等保护功能，应具有高低压穿越抵御措施。

5.2.20 对 6.3MVA 及以上的变压器，或 2MVA 及以上采用电流速断保护灵敏性不符合要求的变压器应装设纵联差动保护。对 6.3MVA 以下的变压器，在电源侧应装设电流速断保护。对于低压侧中性点直接接地的变压器，应装设单相接地保护。0.4MVA 及以上的车间内干式变压器，均应装设温度保护。变压器宜选用非电子类膨胀式温控器启动风扇、报警、跳闸，应能在不停电条件下进行检查。

5.2.21 3kV～110kV 继电保护一般采用远后备原则，即当主保护或断路器拒动时，由相邻电力设备或线路的保护实现后备。3kV～10kV 厂用线路宜装设电流速断保护和过电流保护，保护动作于跳闸。

5.2.22 容量 100MW 及以上的发电厂机组、110kV 及以上升压站、启/备用电源应装设专用故障录波装置。发电厂应按机组配置故障录波装置（宜具有发电机启动试验录波及分析功能），启备电源变压器可根据录波信息量与机组合用或单独设置；发电厂 110kV 及以上配电装置按电压等级配置故障录波器。全厂故障录波系统的时钟误差应不大于 1ms，装置内部时钟 24h 误差应不大于±5s。故障录波装置的选择符合 GB/T 14598.301《微机型发电机变压器故障录波装置技术要求》的要求。

5.2.23 厂用电切换装置宜单独配置，应具有合于故障后快速切除的功能，避免因厂用电切换合于故障后越级跳闸扩大故障范围。厂用电源的正常切换宜采用手动并联切换。厂用电动机应根据工艺要求装设必要的连锁及自动装置，并根据运行方式的需要，可投入或解除。125MW 及以上机组当断路器具有快速合闸性能（固有合闸时间小于 5 个周波时），宜采用快速串联断电切换方式；当采用慢速切换时，在备用电源自动投入的启动回路中宜增加低电压（母线残压）闭锁。

5.2.24 为防止发电机非同期并列，微机自动准同期装置应安装独立的同期检定闭锁继电器，将同期闭锁继电器常闭辅助触点串接入发电机主断路器的合闸回路中。

5.2.25 发电厂和变电站的二次回路应采用铜芯的控制电缆和绝缘导线。在绝缘可能受到油浸蚀的地方，应采用耐油绝缘导线。保护和控制设备的直流电源、交流电流、电压及信号引入回路应采用屏蔽电缆。对双重化保护的电流回路、电压回路、直流电源回路、双跳闸绕组的控制回路等，两套系统不应合用一根多芯电缆。

5.2.26 微机型保护装置应具有故障记录功能，以记录保护的动作过程，为分析保护动作行为提供详细、全面的数据信息，但不要求代替专用的故障录波装置。保护装置故障记录应满足以下要求：

  a) 记录内容应为故障时的输入模拟量和开关量、输出开关量、动作元件、动作时间、返回时间、相别。

  b) 应能保证发生故障时不丢失故障记录信息。

  c) 应能保证在装置直流电源消失时，不丢失已记录信息。

5.3 励磁系统（含 PSS）

5.3.1 发电机宜采用制造成熟自并励静态励磁系统，选用进口或国产优质产品。

a) 自动电压调节器（包括 PSS 功能）采用数字微机型，其性能可靠、功能完备，且厂家必须提供完整的各种传递函数框图及参数模型，并具备 PSS 功能。

b) 自动励磁调节器有与 DCS 系统直接连接的硬接线接口，并留有双向冗余通信接口与 DCS 系统实现数字接口。建议采用国外或国内优质产品，且其他电厂有运行经验的产品。

c) 励磁系统各设备、部件采取防尘、防振、降温措施。

d) 励磁变压器采用室内干式变压器（建议考虑容量问题、运行温度问题及高压试验标准等问题，且宜采用独立的保护装置。）

e) 励磁母线采用共箱封闭母线。

5.3.2 励磁系统性能满足 DL/T 843《大型汽轮发电机励磁系统技术条件》等相关标准的要求。

5.3.3 励磁系统在受到现场任何电气操作、雷电、静电等电磁干扰时不应发生误调、失调、误动、拒动等情况。

5.3.4 励磁系统应具有无功调差环节和合理的无功调差系数，调差整定范围应不小于±15%，调差率的整定可以是连续的，也可以在全程内均匀分档，分档不大于 1%。接入同一母线的发电机的无功调差系数应基本一致。励磁系统无功调差功能应投入运行。

5.3.5 发电机零起升压时，发电机端电压应稳定上升，其超调量一般应不大于额定值的 10%。超调量与超调时间应与发电机厂家说明书保持一致。

5.3.6 发电机甩额定无功功率时，机端电压应不大于甩前机端电压的 1.15 倍，振荡不超过 3 次。

5.3.7 自并励静止励磁系统引起的轴电压应不破坏发电机轴承油膜，一般不大于 10V，超过 20V 时应分析原因并采取相应措施。

5.3.8 励磁调节器双自动通道及手动通道之间互相切换时，发电机端电压或无功功率应无明显波动。双自动通道故障时，应能自动切至手动通道，并发报警信号。

5.3.9 励磁变压器各相直流电阻的差值应小于平均值的 2%；线间直流电阻差值应小于平均值的 1%；电压比的允许误差在额定分接头位置时为±0.5%，三相电压不对称度应不大于 5%。

5.3.10 励磁变压器的绕组温度应具有有效的监视手段，并控制其温度在设备允许的范围之内。

5.3.11 励磁系统发生故障时，应按以下原则进行处理：

a) 应准确记录故障信息、故障代码和报警或动作信号，及时收集故障数据和录波图，以便及时查找和分析故障原因。

b) 检查励磁系统主要设备有无异常情况和设备损坏。

c) 未查明故障原因原则上不允许继续投入使用。

d) 故障原因查明后，应向上级和调度部门汇报，整理故障分析报告并存档。

5.3.12 励磁设备移交到现场试验前应按 GB/T 7409 及相关国家标准和行业标准进行出厂试验并提供出厂试验报告。现场试验应包括交接试验和定期检查试验。

5.3.13 发电机投产前，励磁系统主要设备应进行质量检查，在现场应按 GB 50150、GB/T 7409 及相关国家标准和 DL/T 1166 进行现场交接试验，现场交接试验应核对厂家提供的试验结果。

5.3.14 加强励磁系统试验管理。

5.3.14.1 电力系统稳定器的定值设定和调整应由具备资质的科研单位或认可的技术监督单位按照相关行业标准进行。试验前应制定完善的技术方案和安全措施上报相关管理部门备案，试验后电力系统稳定器的传递函数及自动电压调节器（AVR）最终整定参数应书面报告相关调度部门。

5.3.14.2 机组基建投产或励磁系统大修及改造后，应进行发电机空载和负载阶跃扰动性试验，检查励磁系统动态指标是否达到标准要求。试验前应编写包括试验项目、安全措施和危险点分析等内容的试验方案并经批准。

5.3.14.3 励磁系统的 V/Hz 限制环节特性应与发电机或变压器过励磁能力低者相匹配，无论使用定时限还是反时限特性，都应在发电机组对应继电保护装置动作前进行限制。V/Hz 限制环节在发电机空载和负载工况下都应正确工作。

5.3.14.4 励磁系统如设有定子过压限制环节，应与发电机过压保护定值相配合，该限制环节应在机组保护之前动作。

5.3.14.5 励磁系统低励限制环节动作值的整定应主要考虑发电机定子边段铁芯和结构件发热情况及对系统静态稳定的影响，并与发电机失磁保护相配合在保护之前动作。当发电机进相运行受到扰动瞬间进入励磁调节器低励限制环节工作区域时，不允许发电机组进入不稳定工作状态。

5.3.14.6 励磁系统的过励限制（即过励磁电流反时限限制和强励电流瞬时限制）环节的特性应与发电机转子的过负荷能力相一致，并与发电机保护中转子过负荷保护定值相配合在保护之前动作。

5.3.14.7 励磁系统定子电流限制环节的特性应与发电机定子的过电流能力相一致，但是不允许出现定子电流限制环节先于转子过励限制动作从而影响发电机强励能力的情况。

5.3.15 励磁系统调试中遗留的缺陷应尽可能利用发电机组停机备用或临时检修的机会消除，避免设备带病运行。

5.4 直 流 与 UPS 系 统

5.4.1 直流系统

5.4.1.1 蓄电池型式选择应符合下列要求：

a) 直流电源宜采用阀控式密封铅酸蓄电池，也可采用固定型排气式铅酸蓄电池；小型发电厂、110kV 及以下变电站可采用镉镍碱性蓄电池。

b) 铅酸蓄电池应采用单体为 2V 的蓄电池，直流电源成套装置组柜安装的铅酸蓄电池宜采用单体为 2V 的蓄电池，也可采用 6V 或 12V 组合电池。

c) 蓄电池个数依据 DL/T 5044《电力工程直流电源系统设计技术规程》进行选择。

d) 单体蓄电池放电终止电压应根据直流电源系统中直流负荷允许的最低电压值和蓄电池的个数确定，但不得低于蓄电池规定的最低允许电压值。

e) 单体蓄电池均衡充电电压应根据直流电源系统中直流负荷允许的最高电压值和蓄

电池的个数确定，但不得超出蓄电池规定的电压允许范围。

5.4.1.2 充电装置的技术特性应符合下列要求：

a) 满足蓄电池组的充电和浮充电要求。

b) 为长期连续工作制。

c) 具有稳压、稳流及限压、限流特性和软启动特性。

d) 有自动和手动浮充电、均衡充电及自动转换功能。

e) 选用高频开关电源型充电装置，应满足稳压精度不超过±0.5%、稳流精度不超过±1%、输出电压纹波系数不大于0.5%的技术要求。

5.4.1.3 充电装置型式宜选用高频开关电源模块型充电装置。

5.4.1.4 高频开关电源、模块的基本性能应符合下列要求：

a) 在多个模块并联工作状态下运行时，各模块承受的电流应能做到自动均分负载实现均流；在2个及以上模块并联运行时，当输出的直流电流为50%～100%额定值时，均流不平衡度不应大于额定电流值的±5%。

b) 单模块功率小于1.5kW时，功率因数不应小于0.9；单模块功率大于或等于1.5kW时，功率因数不应小于0.92。

c) 在模块输入端施加的交流电源符合标称电压和额定频率要求时，在交流输入端产生的各高次谐波电流含有率不应大于30%。

d) 电磁兼容应符合现行国家标准GB/T 19826《电力工程直流电源设备通用技术条件及安全要求》的有关规定。

5.4.1.5 继电保护的直流电源，电压纹波系数应不大于2%，最低电压不低于系统标称电压（110/220V）的85%，最高电压不高于系统标称电压的110%。

5.4.1.6 新、扩建或改造的变电站直流系统用断路器应采用具有自动脱扣功能的直流断路器，严禁使用普通交流断路器。直流断路器应具有速断保护和过电流保护功能，可带有辅助触点和报警触点。

5.4.1.7 直流回路采用熔断器作为保护电器时，应装设隔离电器，如刀开关，也可采用熔断器和刀开关合一的刀熔开关。

5.4.1.8 蓄电池出口回路熔断器应带有报警触点，其他回路熔断器必要时可带有报警触点。

5.4.1.9 对装置的直流熔断器或直流断路器及相关回路配置的基本要求应不出现寄生回路，并增强保护功能的冗余度。

5.4.1.10 由不同直流断路器供电的两套保护装置的直流逻辑回路间不允许有任何电的联系。

5.4.1.11 对于采用近后备原则进行双重化配置的保护装置，每套保护装置应由不同的电源供电，并分别设有专用的直流断路器。

5.4.1.12 采用远后备原则配置保护时，其所有保护装置，以及断路器操作回路等，可仅由一组直流断路器供电。

5.4.1.13 母线保护、变压器差动保护、发电机差动保护、各种双断路器接线方式的线路保护等保护装置与每一断路器的操作回路应分别由专用的直流断路器供电。

5.4.1.14 有两组跳闸线圈的断路器，其每一跳闸回路应分别由专用的直流断路器供电。

5.4.1.15 单套配置的断路器失灵保护动作后应同时作用于断路器的两个跳闸线圈。如断路器只有一组跳闸线圈，失灵保护装置工作电源应与相对应的断路器操作电源取自不同的直流电

源系统。

5.4.1.16 直流断路器选择：

a) 额定电压应大于或等于回路的最高工作电压。

b) 额定电流应大于回路的最大工作电流。对于不同性质的负载，直流断路器的额定电流按照以下原则选择：高压断路器电磁操作机构的合闸回路可按 0.3 倍额定合闸电流选择，但直流断路器过载脱扣时间应大于断路器固有合闸时间；直流电动机回路，可按电动机的额定电流选择；直流断路器宜带有辅助触点和报警触点。

c) 断流能力应满足安装地点直流电源系统最大预期短路电流的要求。

d) 直流电源系统应急联络断路器额定电流不应大于蓄电池出口熔断器额定电流的50%。

e) 当采用短路短延时保护时，直流断路器额定短时耐受电流应大于装设地点最大短路电流。

f) 各级断路器的保护动作电流和动作时间应满足选择性要求，考虑上、下级差的配合，且应有足够的灵敏系数。

5.4.1.17 熔断器的选择：

a) 额定电压应大于或等于回路的最高工作电压。

b) 额定电流应大于回路的最大工作电流。蓄电池出口回路熔断器应按事故停电时间的蓄电池放电率电流和直流母线上最大馈线直流断路器额定电流的 2 倍选择，两者取较大值，并应按事故放电初期（1min）放电电流校验保护动作的安全性，且应与直流馈线回路保护电器相配合。对于不同性质的负载，熔断器的选择应满足 DL/T 5044《电力工程直流电源系统设计技术规程》的要求。

5.4.1.18 上、下级直流熔断器或直流断路器之间及熔断器与直流断路器之间的选择性应符合 DL/T 5044《电力工程直流电源系统设计技术规程》的要求。

5.4.1.19 直流电源、直流熔断器、直流断路器及相关回路的安装及验收。蓄电池施工及验收执行 GB 50172《电气装置安装工程 蓄电池施工及验收规范》标准。直流电源屏和蓄电池的检查根据订货合同的技术协议，重点对直流电源屏（包括充电机屏和馈电屏）中设备的型号、数量、软件版本以及设备制造单位进行检查。对高频开关电源模块、监控单元、硅降压回路、绝缘监察装置、蓄电池管理单元、熔断器、隔离开关、直流断路器、避雷器等设备进行检查。对蓄电池组的型号、容量、蓄电池组电压、单体蓄电池电压、蓄电池个数以及设备制造单位等进行检查，参见附录 B。

5.4.1.20 新蓄电池组安装完毕后，必须用直流电压表（或者万用表的直流电压挡）逐只测量电池的极性无误。以 10h 放电率电流进行容量试验，当其中一个单体蓄电池放电电压 220V 系统达到 1.85V、110V 系统达到 1.8V 时终止，应停止放电。在三次充放电循环之内，若达不到额定容量的 100%，则该组蓄电池不合格。

5.4.2 不停电电源装置（UPS）

5.4.2.1 发电厂应选择在线式 UPS，即由变流器、静态转换开关和储能装置（蓄电池）等组成的一种电源设备，这种电源设备不管交流输入电源中断与否、电压或波形符合要求与否，都能向负载提供符合要求的电源。

5.4.2.2 UPS 有四种不同的工作模式，即正常工作模式、后备模式、旁路备用电源模式和维

24

护旁路模式：

 a) 正常工作模式：正常运行时，整流器、逆变器运行对负荷供电，直流电源和旁路备用电源处于备用状态。

 b) 后备模式：当整流器无输出时，直流电源迅速替代整流器向逆变器供电，负荷供电不受影响。

 c) 旁路备用电源模式：逆变器不正常（过温、短路、输出电压异常、过载）时，逆变器将自动停止工作，静态开关自动切换至旁路备用电源对负载供电。

 d) 维护旁路模式：UPS 检修时，停止 UPS 主机运行，手动合上维修旁路开关对负载供电。

5.4.2.3 UPS 输出的电压频率和幅值要保证持续、稳定的输出功率。输出电压稳定性稳态在 ±2%，动态±5%；频率稳定度稳态±1%，动态±2%；输出电压波形失真度不应大于 5%，输出额定功率因数为 0.8；输出电流峰值系数不宜小于 3，过负荷能力不应小于 125%/10min、150%/1min、200%/5s。

5.4.2.4 UPS 旁路隔离变压器及自耦调压器应采用干式自然风冷结构。自耦调压器宜配置自动调压装置，电压调节范围应满足输入电压变化范围的要求。选择隔离变压器短路阻抗时，应校验 UPS 配电系统上下级断路器（或熔断器）之间的选择性。

5.4.2.5 旁路静态开关宜采用电子和机械混合型转换开关，其切换时间不应大于 5ms。

5.4.2.6 手动维修旁路开关应具有同步闭锁功能。

5.4.2.7 UPS 旁路切换时间不应大于 5ms，整机效率不宜小于 90%，噪声不宜大于 65dB（A），防护等级不宜低于 IP20，平均无故障间隔时间不应小于 25000h。

5.4.2.8 交流不间断电源设备布置应避开有水、汽、导电尘埃或强电磁干扰的场所。

5.4.2.9 交流不间断电源配电室宜设置空气调节装置，温度变化率不宜大于 10℃/h，相对湿度宜为 30%～80%，任何情况下无凝露。当交流不间断电源设备与阀控铅酸蓄电池不同室布置时，室内温度宜为 5℃～35℃。

5.5 电 测 及 计 量 系 统

5.5.1 测量用电流互感器和电压互感器的选择应符合 DL/T 866《电流互感器和电压互感器选择及计算规程》的规定。多功能电能表应满足 GB/T 17215.321、GB/T 17215.322、GB/T 17215.323、DL/T 614 以及 DL/T 645 等的要求。电测量变送器应满足 GB/T 13850 的要求。交流采样远动终端应满足 GB/T 13729、DL/T 630 的要求。NCS 系统测控装置、厂用电系统保护测控装置应满足 DL/T 630、DL/T 1075 等的要求。安装式数字仪表应满足 GB/T 22264.1～GB/T 22264.8 的要求。电测量模拟指示仪表应满足 GB/T 7676.1～GB/T 7676.9 的要求。数字多用表应满足 GB/T 13978 的要求。电能计量装置应满足 DL/T 448《电能计量装置技术管理规程》。

5.5.2 常用测量仪表的配置应能正确反映电力装置的电气运行参数和绝缘状况，其准确度应满足相应要求。电测量装置的准确度不应低于 GB/T 50063《电力装置电测量仪表装置设计规范》的相关规定。

5.5.3 指针式测量仪表的测量范围，宜使电力设备额定值指示在仪表标度尺的 2/3 左右。对于有可能过负荷运行的电力设备和回路，测量仪表宜选用过负荷仪表（例如重载启动的电动机，宜采用具有过负荷标度尺的电流表）。

5.5.4 电能计量、计算机、远动遥测中同一电能量信息应取自同一套电能表，以充分利用设备的功能，防止互感器二次过负荷，降低计量综合误差。电能表应具有数据输出或脉冲输出功能，也可同时具有两种输出功能。电能表脉冲输出参数应满足计算机和远动遥测的要求，数据输出的通信规约应符合现行行业标准 DL/T 645《多功能电能表通信协议》的有关规定。

5.5.5 发电电能关口计量点应装设两套准确度相同的主、副电能表。电能表的电流和电压回路应装设电流和电压专用试验接线盒。电能计量装置应具有失压计时功能。

5.5.6 计算机监控系统应实现电测量数据的采集和处理，其范围应包括模拟量和电能量。模拟量应包括电流、电压、有功功率、无功功率、功率因数、频率等，并应实现对模拟量的定时采集、越限报警及追忆记录的功能。电能量应包括有功电能量、无功电能量，并能实现电能量的分时段分方向累加。

5.5.7 变送器的输入参数应与电流互感器和电压互感器的参数相匹配，输出参数应满足电测量仪表和计算机监控系统的要求。变送器宜采用输出电流或数字输出信号方式，不宜采用输出电压方式。变送器的输出电流宜选用 4mA～20mA。变送器模拟量输出回路接入负荷不应超过变送器额定二次负荷，接入变送器输出回路的二次负荷应在其额定二次负荷的 10%～100%内，变送器模拟量输出回路串接仪表数量不宜超过 2 个。

5.5.8 厂用电系统电能计量应优先配置独立的电子式多功能电能表。

5.5.9 电测量及电能计量装置检定合格书、安装使用说明手册、试验测试说明报告等相关文档齐全，外观结构完整、铭牌清晰，到货验收工作符合订货合同要求。

5.5.10 电测量仪表及电能计量装置到货后，应先检验合格后方可使用；并在其明显位置粘贴检验合格证，说明检验日期及装置检定有效期等信息。

5.6　计算机监控系统

5.6.1 厂站端计算机监控功能应满足以下要求：

　　a) 系统应实现调度端所需信息的采集和处理功能，其范围包括厂站内模拟量、开关量、电能量，以及来自其他智能装置的数据。

　　b) 系统宜实现调度端对厂站内设备遥控、遥调功能，支持对全站所有断路器、隔离开关、主变压器有载调压分接头、无功功率补偿装置及相关设备的控制及参数设定功能；具备远方保护软压板投退、定值区切换、定值修改功能。

　　c) 系统应具有遥测越死区传送、遥信变位传送、事故信号优先传送的功能。

　　d) 远动信息应实现直采直送，满足调度端有关信息实时性、可靠性、传送方式、通信规约及接口等方面的要求。

　　e) 系统应能与多个调度端进行数据通信，具备遥控、遥调功能，但同一时刻某一具体被控设备只允许执行一个调度端的遥控、遥调命令。

　　f) 系统应有多种通信规约可选，工程中选用的通信规约应与调度端系统一致。

　　g) 发电厂计算机监控系统其他功能设计应遵循 DL/T 5226《发电厂电力网络计算机监控系统设计技术规程》的相关规定，接入省级及以上调度自动化系统的变电站计算机监控系统其他功能设计应遵循 DL/T 5149《220～550kV 变电所计算机监控系统设计技术规程》的相关规定。

    h)   系统可采用智能远动网关实现与调度端通信的功能，厂站内智能远动网关应按照分区配置。智能远动网关应满足现行国家标准 GB/T 31994《智能远动网关技术规范》的相关规定。

    i)   系统宜实现保护及故障录波信息管理功能，并具备向调度端传送相关信息的功能。

    j)   系统宜实现机组 AGC、AVC 功能，并接收调度端的调控指令。

5.6.2   厂站端计算机监控主要技术指标应符合下列要求：

    a)   模拟量越死区传送整定最小值小于 0.1%（额定值），并逐点可调。

    b)   遥控正确率为 100%，遥调正确率不应低于 99.9%。

    c)   模拟量信息响应时间（从 I/O 输入端至远动网关出口）不大于 2s。

    d)   状态量变化响应时间（从 I/O 输入端至远动网关出口）不大于 1s。

    e)   交流采样测量值综合误差不应大于 0.5%，直流采样模数转换误差不应大于 0.2%，电网频率测量误差不应大于 0.01Hz。

    f)   站控层事件顺序记录（SOE）分辨率不应大于 2ms，间隔层事件顺序记录（SOE）分辨率不应大于 1ms。

    g)   系统容量宜按发电厂的发展需要确定，设计运行年限不宜小于 10 年。

5.6.3   自动发电控制（AGC）装置将调度下发 AGC 信号转发至 DCS 系统中。并具有自动跟踪各机组一次调频及 AGC 性能的功能，以 1s 一次的采样率记录调度下达给各组的 AGC 指令和电网频率，并以用 1s、5s、60s 等不同的密度点显示 AGC（指令）曲线、机组实发曲线、电网频率曲线。能够即时计算出 AGC 曲线的特性数据、实发曲线的特性数据、电网频率曲线的特性数据，包括最高值、最低值、平均负荷值、峰谷负荷差、负荷加减速率，以及任意 30s 内频率变化大于或等于设定值的起止时间，提供各种扰动响应数据分析。

5.6.4   500kV 及以上厂站，220kV 枢纽变电站、大电源、电源薄弱点应部署相量测量装置，相量测量装置应满足 DL/T 280《电力系统同步相量测量装置通用技术条件》的要求，可通过厂站内 I 区智能远动网关传送至调度主站端控制区。子站应包括线路同步相量测量控制单元、发电机同步相量测量单元、数据集中器单元和时钟同步单元。子站装置应具有一发多收功能，可同时向多个远方主站发送实时数据，主站对装置的远程控制应完全独立，互不影响。子站内各相量测量单元与数据集中器应通过站内高速以太网互联。

5.6.5   功角测量设备测量应采用鉴相信号脉冲，能精确测量发电机组内电动势、出口三相电压、三相电流、励磁电压和励磁电流等，装置动态数据的最高记录速率应不低于 100 次/s，为保证同步精度，应使用独立的同步时钟接收系统。

5.6.6   自动无功/电压控制（AVC）接受 AVC 主站下发的无功/电压目标指令，根据目标控制电压值计算电厂承担的总无功出力，在充分考虑各种约束条件后，AVC 装置将总无功功率合理分配给每台机组，发出增减信号给励磁系统，由励磁系统调节机组无功功率，使电厂母线达到目标控制电压值。AVC 装置以脉宽调节方式输出至发电机组的励磁调节控制系统。但当 AVC 装置异常或约束条件成立时，AVC 功能自动退出，并遥控输出一个无源接点信号至机组 DCS 系统。

5.6.7   独立配置的保护及故障录波信息子站主机与不同调度端通信的网口应互相独立、相互隔离。

5.6.8 保护及故障信息管理子站系统主要功能为完成电厂内继电保护、故障录波装置、安全稳定控制装置信息的采集与管理，包括装置接入、规约转换、数据的规范和转发等。系统的软硬件均应实现分层式、模块化、通用性，以使系统的使用、扩充、维护、升级具有灵活性和连贯性。保护及故障录波信息上传至调度端系统非控制区。

5.6.9 省级及以上调度（调控）中心调管的燃煤电厂应配置燃煤电厂机组烟气在线监测装置，宜实现模拟量、开关量信息直接采集，并通过网络方式由非控制区上送至调度端。

5.6.10 各级调度中心与直调厂站间通信应采用相互独立的两路通道，宜采用双路数据网通道；条件不具备时，可采用一路数据网通道和一路专线通道。

5.6.11 厂站端接入调度数据网通道宽带不应小于 2Mbit/s。

5.6.12 专线通道应满足以下技术条件要求：

a) 模拟接口通信速率宜选用 1200bit/s，全双工通道，误码率在信噪比为 17dB 时不大于 10^{-5}。

b) 数字接口通信速率为 2400bit/s～9600bit/s。

c) E1 网络专线通信速率为 2048kbit/s，误码率在信噪比为 17dB 时不大于 10^{-7}。

d) 信噪比测试点为远动信息接收端的入口或通信设备远动信息接收端的出口。

e) 统一接口标准。

5.6.13 调度端与厂站端之间通信宜采用 DL/T 634《远动设备和系统》系列通信规约，也可采用 DL/T 476《电力系统实时数据通信应用层协议》及 DL/T 860《变电站通信网络和系统》。

5.6.14 调度自动化设备 UPS 应满足以下要求：

a) 调度端系统应采用专用的、冗余的 UPS 供电，不应与信息系统、通信系统综合用电源。交流供电电源应该取自两路不同的电源点，并应配有应急电源。

b) 每套 UPS 电源应至少配置一组蓄电池组，每组蓄电池组容量应满足带全部负载的时间不小于 2h。双机运行时单机负载率不应超过 30%。

c) 具备双电源模块的装置或设备，两个电源模块由不同 UPS 供电；对单电源设备应配置静态切换装置。

6 电气二次施工管理

6.1 一 般 规 定

6.1.1 新安装的二次设备回路应进行绝缘检查，其检验项目、方法、试验仪器和检验结果应符合现行国家标准和现行行业标准。

6.1.2 应对二次设备的所有部件进行检查，保证各部件质量良好。二次设备的安装和接线应考虑方便维护和更换。

6.1.3 应对二次设备及所有接线，包括屏柜内部各部件与端子排之间的连接线的正确性和电缆、电缆芯及所有导线标号的正确性进行检查，并检查电缆清册记录的正确性。

6.1.4 应核对所有二次设备及电缆型号与设计相符。直流二次回路应无寄生回路。二次设备及回路的工作电压不宜超过250V，最高不应超过500V，如果超过500V，应考虑电缆选型。应核对自动空气开关或熔断器的额定电流与设计相符且应能分级跳闸，并与所接的负荷相适应且具备分级跳闸功能。交、直流空气开关不应混用。宜使用具有切断直流负载能力、不带热保护的空气自动开关取代直流熔断器。

6.1.5 电流、电压互感器备用绕组的抽头应引至端子箱，并一点接地。电流互感器的备用绕组应在端子箱处可靠短接。电压互感器备用绕组应具有防止短路的措施。电流互感器备用绕组应具有防止开路的措施。

6.2 物 资 存 放

6.2.1 设备到达设备库区卸车前，收货单位应会同有关部门按合同检查以下主要内容：

6.2.1.1 供货商（或制造商）名称、收货单位、合同号、货签、货号、部套号，名称、图号、数量、规格型号、质量、到货时间、发货日期等。

6.2.1.2 外部包装或设备外表面状况。

6.2.1.3 运输中的防冻、防震、防雨雪、防倾倒、防沙尘、防潮、防锈蚀等措施。

6.2.2 设备开箱时，应按合同规定，检查其装箱单、供货清单、说明书、技术资料和质量证明文件及图纸是否齐全，并按清单检查设备的数量、规格、包装和外观质量。如发现设备防腐包装损坏或密封不良，设备有缺陷、锈蚀、变质、变形、损坏、存水、存有杂物或短缺等问题时，应做好开箱记录，会同制造商或供货商共同分析原因，查明责任及时处理。重大问题应及时向项目公司汇报。

6.2.3 随设备供应的技术资料、质量证明、说明书、图纸等资料应及时做好登录，送交项目公司技术档案管理部门保存，并建立电子台账。

6.2.4 设备经清点和开箱检查后，应立即编号登录台账，并按要求分类入库仓储保管，及时建立设备资料档案和做好设备的定期检查和维护保管记录，并按本标准和厂家说明书的要求定期维护。

6.2.5 设备冬季入库时，宜在移入库内24h后再开箱，以免设备表面结露，引起锈蚀。

6.2.6 设备的放置应符合下列要求：

6.2.6.1 设备上的各种标志、编号应保持完整，已损坏的标志、编号必须修复，小部件上应有注明编号的标签。

6.2.6.2 在风沙较大地区宜加防护罩保管。

6.3 屏、柜安装

6.3.1 保护柜门应开关灵活、上锁方便。前后门及边门应采用截面面积不小于 4mm² 的多股铜线，并与屏体可靠连接。保护屏的两个边门不应拆除。

6.3.2 保护屏上各压板、把手、按钮应安装端正、牢固，并应符合下列要求：

6.3.2.1 穿过保护屏的压板导电杆应有绝缘套，并与屏孔保持足够的安全距离；压板在拧紧后不应接地。

6.3.2.2 压板紧固螺栓和紧线螺栓应紧固。

6.3.2.3 压板应接触良好，相邻压板间应有足够的安全距离，切换时不应碰及相邻的压板。

6.3.2.4 对于一端带电的切换压板，在压板断开的情况下，应使活动端不带电。

6.3.2.5 端子箱、户外接线盒和户外柜应封闭良好，应有防火、防水、防潮、防尘、防小动物进入和防止风吹开箱门的措施。

6.3.2.6 屏柜上的电器元件应符合下列要求：

    a）电器元件质量良好，型号、规格应符合设计要求，外观完好，附件齐全，排列整齐，固定牢固，密封良好。

    b）各电器应能单独拆装更换，更换时不影响其他电器及导线束的固定。

    c）发热元件宜安装在散热良好的地方，两个发热元件之间的连线应采用耐热导线或裸铜线套瓷管。

    d）自动空气开关的整定值应符合设计要求。

    e）所有安装在屏柜上的装置或其他有接地要求的电器，其外壳应可靠接地。

6.4 电缆及光缆敷设

6.4.1 继电保护和控制回路的二次电缆应采用屏蔽铜芯电缆，二次电缆端头应可靠封装，电缆屏蔽层应按设计要求的接地方式可靠接地。

6.4.2 交、直流回路不应合用同一根电缆，强电和弱电回路不应合用同一根电缆，在同一根电缆中不宜有不同安装单位的电缆芯。

6.4.3 对双重化配置保护的电流回路、电压回路、直流电源回路、双跳闸线圈的控制回路等，两套系统不应合用一根多芯电缆。

6.4.4 来自电压互感器二次绕组的 4 根引入线和互感器剩余电压绕组的 2 根或 3 根升压站引入线应分开，不应共用电缆。

6.4.5 同一回路应在同一根电缆内走线，应避免同一回路通过两根电缆构成环路，每组电流线或电压线与其中性线应置于同一电缆内。

6.4.6 控制电缆应选用多芯电缆，尽量减少电缆根数。芯线截面面积不大于 4mm² 的电缆应留有备用芯。

6.4.7 进入保护室或控制室的保护用光缆应采用阻燃无金属光缆。当在同一室内使用光缆连接的两套设备不在同一屏柜内时宜使用尾缆连接。

6.4.8　保护通道信号的电传输部分应采用屏蔽电缆或音频线连接。该屏蔽线所连接的两个设备之间不应再经端子转接，配线架除外。单屏蔽层线缆的屏蔽层应在两端可靠接地，双屏蔽层线缆的外屏蔽层应两端接地，内屏蔽层应一端接地。传送音频信号应采用屏蔽双绞线，屏蔽层应两端接地。

6.4.9　保护用电缆敷设路径应合理规划。电容式电压互感器二次电缆在沿一次设备底座敷设的路段应紧靠接地引下线。

6.4.10　保护用电缆与电力电缆不应同层敷设。

6.4.11　所有电缆及芯线应无机械损伤，绝缘层及铠甲应完好无破损。

6.4.12　电缆在电缆夹层和电缆沟中应留有一定的裕度，排列整齐、编号清晰、没有交叉。电缆防火阻燃措施应按照 GB 50229《火力发电厂与变电站设计防火规范》进行施工。

6.4.13　电缆应固定良好，主变压器本体上的电缆应用变压器上的线夹固定好。

6.4.14　控制电缆固定后应在同一水平位置剥齐，不同电缆的芯线宜分别捆扎。

6.4.15　室外电缆的电缆头，包括端子箱、断路器机构箱、气体继电器、互感器等，应将电缆头封装处置于箱体或接线盒内。

6.4.16　屏柜内部的尾纤应留有一定裕度，并有防止外力伤害的措施，避免屏柜内其他部件的碰撞或摩擦。尾纤不得直接塞入线槽或用力拉扯，铺放盘绕时应采用圆弧形弯曲，弯曲直径不应小于 100mm，应采用软质材料固定，且不应固定过紧。

6.5　接　线　及　端　子　排

6.5.1　二次回路连接导线的截面面积应符合下列要求：

6.5.1.1　对于强电回路，控制电缆或绝缘导线的芯线截面面积不应小于 1.5mm^2，屏柜内导线的芯线截面面积不应小于 1.0mm^2；对于弱电回路，芯线截面面积不应小于 0.5mm^2。保证接线准确性的措施应满足 GB 50171《电气装置安装工程　盘、柜及二次回路接线施工及验收规范》。

6.5.1.2　电流回路的电缆芯线，其截面面积不应小于 2.5mm^2，并满足电流互感器对负载的要求。

6.5.1.3　交流电压回路，当接入全部负荷时，电压互感器到继电保护和安全自动装置的电压降不应超过额定电压的 3%。应按工程最大规模考虑电压互感器的负荷增至最大的情况。

6.5.1.4　操作回路的电缆芯线，应满足正常最大负荷情况下电源引出端至各被操作设备端的电压降不超过电源电压的 10%。

6.5.1.5　交流电压回路宜采用从电压并列屏敷设电缆至保护屏的方式。若采用屏顶小母线方式，铜棒截面积不应小于 6mm^2。

6.5.2　屏柜、箱体内导线的布置与接线应符合下列要求：

6.5.2.1　导线芯线应无损伤，配线应整齐、清晰。

6.5.2.2　应安装用于固定线束的支架或线夹，捆扎线束不应损伤导线的外绝缘。

6.5.2.3　导线束不宜直接紧贴金属结构件敷设，穿越金属构件时应有保护导线绝缘不受损伤的措施。

6.5.2.4　可动部位的导线应采用多股软导线，并留有一定长度裕度，线束应有外套塑料管等加强绝缘层，避免导线产生任何机械损伤，同时还应有固定线束的措施。

6.5.2.5 连接导线的中间不应有接头。

6.5.2.6 使用多股导线时，应采用冷压接端头；冷压连接应牢靠、接触良好。

6.5.2.7 导线接入接线端子应牢固可靠，并应符合下列要求：

a) 每个端子接入的导线应在两侧均匀分布，一个连接点上接入导线宜为一根，不应超过两根。

b) 对于插接式端子，不同截面的两根导线不应接在同一端子上。

c) 对于螺栓连接端子，当接两根导线时，中间应加平垫片。

d) 电流回路端子的一个连接点不应压两根导线，也不应将两根导线压在一个压接头再接至一个端子。

e) 强、弱电回路、交直流回路应分别成束，分开排列。

f) 大电流的电源线不应与低频的信号线捆扎在一起。

g) 打印机的电源线不应与继电保护和自动化设备的信号线布置在同一电缆束中。

6.5.2.8 在油污环境下，应采用耐油的绝缘导线。

6.5.2.9 在日光直射环境下，绝缘导线应采取防护措施。

6.5.2.10 二次回路的连接件应采用铜质制品或性能更优的材料，绝缘件应采用自熄性阻燃材料。

6.5.2.11 端子排、元器件接线端子及保护装置背板端子螺栓应紧固可靠，端子无锈蚀现象。

6.5.2.12 端子排、连接片、切换部件离地面不宜低于300mm。

6.5.2.13 端子排的安装应符合下列要求：

a) 端子排应完好无损，固定可靠，绝缘良好。

b) 端子应有序号，端子排应便于更换且接线方便。

c) 回路电压超过400V时，端子排应有足够的绝缘并涂以红色标志。

d) 在潮湿环境下宜采用防潮端子。

e) 强、弱电端子应分开布置。

f) 正、负电源之间以及经常带电的正电源与合闸或跳闸回路之间，应以空端子隔开。

g) 接入交流电源220V或380V的端子应与其他回路端子采取有效隔离措施，并有明显标识。

h) 电流回路在端子箱和保护屏内应使用试验端子，电压回路在保护屏内应使用试验端子。

i) 接线端子应与导线截面匹配，应符合GB/T 14048.7《低压开关设备和控制设备 第7-1部分：辅助器件 铜导体的接线端子排》、GB 50171《电气装置安装工程 盘、柜及二次回路结线施工及验收规范》和DL/T 579《开关设备用接线座订货技术条件》的有关规定。

6.6 标 示 牌

6.6.1 保护装置、二次回路及相关的屏柜、箱体、接线盒、元器件、端子排、压板、交流直流空气开关和熔断器应设置恰当的标识，方便辨识和运行维护。标识应打印，字迹应清晰、工整，且不易脱色。

6.6.2 屏柜、箱体的正面和背面应标明间隔的双重编号，即设备名称和设备编号。保护屏还应标明主要保护装置的名称。各屏柜、箱体的名称不应有重复。

6.6.3 采用屏柜小母线方式时，屏柜小母线两侧及每面屏柜处应有标明其代号或名称的绝缘标识牌。

6.6.4 保护压板应使用双重编号，同一保护屏内的压板名称不应有重复。保护屏内有多套保护装置时，不同保护装置连接的压板编号应能明显区分。出口压板、功能压板、备用压板应采用不同颜色区分。

6.6.5 电缆标签悬挂应美观一致，并与设计图纸相符。电缆标签应包括电缆编号、规格型号、长度及起止位置。

6.6.6 光缆、通信线应设置标签标明其起止位置，必要时还应标明其用途。

6.6.7 电缆芯线应标明回路编号、电缆编号和所在端子位置，内部配线应标明所在端子位置和对端端子位置。编号应正确、与设计图纸一致，并应符合 DL/T 5136《火力发电厂、变电站二次接线设计技术规程》的要求。

6.6.8 尾纤标识应清晰规范，符合设计要求。保护屏至继电保护接口设备的备用纤芯应做好防尘和标识。

6.6.9 直流屏处空气开关和端子排均应清楚标明用途；芯线标识能清楚表明用途的，端子排上可不再标明。

6.6.10 电压互感器二次回路中性线、电流互感器二次回路中性线与交流供电电源中性线（零线）名称不应引起混淆。保护电源和控制电源回路标识应有明显的区别。

7 电气二次调试管理

7.1 一般规定

7.1.1 电气二次调试及整套启动试运应分别在试运指挥部下设分部试运组和整套试运组的领导下进行，对本专业的试运工作全面负责，做好本专业调试工作的组织及与其他专业的协调配合工作。

7.1.2 电气二次调试工作应按照调试合同、国家和行业现行的相关标准、设计和设备技术文件要求、集团公司的相关规定以及经审批的调试、试验措施进行。

7.1.3 多单位参与调试的工程，项目公司应明确一个主体调试单位。主体调试单位应对调试进度进行总体安排和协调，并对结合部位的系统完整性、安全可靠性进行检查。

7.1.4 电气二次调试人员应熟悉现场设备和系统，对设计、制造和安装等方面存在的问题和缺陷进行梳理，对发现的问题和需要项目公司协调的事项以调试联络单的方式提出建议。

7.1.5 做好各种传动验收记录表以及电气二次调试需用仪器、仪表、工具及材料的准备工作。

7.1.6 依据设计及设备制造厂家的图纸、资料和工程建设相关管理制度，完成电气二次相关的调试大纲、调试计划、调试措施等各种调试文件的编写、审核、批准工作，包括但不限于：

a) 启动电源及厂用电源系统受电电气二次系统调试措施。

b) 高压输电线路及升压变电站电气二次系统调试措施。

c) 励磁系统调试措施。

d) 发电机变压器组保护及自动装置调试措施。

e) 厂用电源系统保护及自动装置调试措施。

f) 保安电源系统电气二次系统调试措施。

g) 电量计费装置调试措施。

h) 升压站计算机监控系统调试措施。

i) 不间断电源装置调试措施。

j) 直流系统调试措施。

k) 电气专业整套启动电气二次系统调试措施。

l) 电气专业电气二次系统反事故措施。

m) 电气专业联锁、保护传动试验项目一览表。

n) 配合热控专业编制机炉电大联锁、保护试验电气二次系统措施。

o) 配合汽轮机专业编制机组甩负荷试验电气二次系统措施。

p) 准备电气二次系统调试检查、记录和验收表格。

7.1.7 电气二次调试期间应严格执行调度纪律，与电网调度及生产机组的联系工作由生产单位负责，生产单位应按照调试计划和试运要求，提前向电网调度提出申请。

7.1.8 电气二次调试工作前，调试人员应向参加人员进行调试措施交底并做好记录。

7.1.9 在进行电气二次调试项目工作时，运行人员应按照有关调试措施并遵照专业调试人员的要求进行操作。在正常运行情况下，应按照运行规程进行操作。

7.1.10 试运期间，设备的送、停电等操作，应严格按照操作票执行。在配电间代保管前，设备及系统的动力电源送、停电工作由施工单位负责；在配电间代保管后，由生产单位负责。

7.1.11 试运期间，在与试运设备或系统有关的部位进行电气二次消缺或工作时，应按照工作票制度执行。

7.1.12 调试单位编制的分系统和整套启动相关调试措施，以及重要的电气二次调试措施：如升压变电站受电、厂用电源系统受电、电气专业整套启动电气调试、机组甩负荷试验措施等，报监理单位组织审查，并形成会议纪要，由调试单位调试总工程师审核，报试运指挥部总指挥批准后执行；涉及电网的试验措施由生产单位报送电网公司批准后执行；一般的调试、试验措施报监理单位审查，调试单位调试总工程师批准后执行。

7.1.13 临时退出电气保护审批应符合下列程序：

7.1.13.1 机组试运期间，如需临时退出电气保护，应履行审批手续。

7.1.13.2 由专业人员提出保护退出申请，并填写保护临时退出审批单，由调试专业负责人审核、调试总工程师批准，通知运行当班值长后，电气专业人员一人监护、一人操作执行。

7.1.13.3 在保护退出期间应密切监视相关运行参数，及时进行调整，一旦达到保护动作值时应立即采取手动措施，确保设备安全。设备或系统正常后，经调试总工程师同意，通知运行当班值长，电气专业人员一人监护、一人操作恢复投入该项保护，并在审批单上记录。

7.1.13.4 调试单位分系统调试完成后，应该编制全厂 CT/PT 极性变比和保护、自动、测量、计量配合的接线图。

7.1.13.5 单体调试已完成验收签证。

7.2 厂用电受电阶段工作

7.2.1 厂用电系统受电标志着分部试运工作的开始。厂用电系统能否早日受电将直接影响单机试运及以后的调试工作，因此调试人员应根据现场的具体情况和调试任务的要求，尽可能地利用现场已具备受电能力的设备创造条件以完成受电任务，为以后的试运工作奠定基础，也为缩短试运工期创造条件。

7.2.2 在厂用电系统基本具备受电条件时，应根据现场具体情况编写厂用电受电方案并报试运指挥部批准。

7.2.3 倒送电试验的设备包括启动备用变压器、厂用电中压和低压系统的一、二次设备。并且为了确保倒送电电气试验工作顺利有序进行，必须在调试前编写受电方案，方案中明确工作范围、质量标准、组织分工、倒送电电气试验程序、应急预案等。

7.2.4 倒送电试验程序。

7.2.4.1 在试运指挥部的领导下，建设单位负责组织建设、监理、设计、施工、调试、生产等单位，对倒送电条件进行全面检查，并报请上级质量监督机构对厂用电受电进行质量监督检查。

7.2.4.2 召开倒送电验收专业组会议，听取主要参建单位关于倒送电工作情况的汇报和倒送电前质量监督检查报告，对倒送电条件进行审查和确认，并做出决议。

7.2.4.3 调试单位按照倒送电启动试验条件检查确认表组织调试、施工、监理、建设、生产等单位进行检查确认签证，报请倒送电指挥部批准。

7.2.4.4 生产单位将指挥部批准的倒送电计划报电网调度部门批准后，倒送电各参建单位按该计划组织实施倒送电工作。

7.2.4.5 调试单位负责填写机组倒送电调试质量验收表，监理单位组织调试、施工、监理、建设、生产等单位完成验收签证。

7.2.5 高压母线受电注意事项。

7.2.5.1 高压母线的母线差动保护调试结束，有条件的情况下进行一次通流试验，验证差动保护、方向型保护正确性；二次回路接线正确，保护具备投入跳闸条件。

7.2.5.2 在额定电压下对高压空载母线进行投切时，应注意由于母线电容和电压互感器的电感形成铁磁谐振现象而出现过电压，可能造成绝缘击穿及设备损坏事故。为防止过电压现象出现，有的设计单位已在电压互感器开口三角形侧设计有电阻，其阻值和热容量是否合适应在调试过程中核实或调整。

7.2.5.3 在额定电压下对高压空载母线进行充电时，应注意观察母线电压互感器二次侧三相电压和开口三角电压值。一旦电压出现异常应立即拉开电源侧开关，查明产生故障的原因，并予以排除。

7.2.5.4 在额定电压下对高压空载母线进行充电时，一旦母线设备绝缘出现问题而造成短路，应考虑如何把设备的损害减少到最小程度。因此事先应与继电保护主管部门联系，采取临时措施将母线故障的切除时间尽可能缩短（如母线差动保护动作直接跳闸，充电线路对侧的后备保护的动作时间适当缩短，重合闸改停用方式等）。

7.2.6 变压器受电的注意事项。

7.2.6.1 对变压器及所连接设备进行全面检查并按规定使用兆欧表测量其绝缘电阻，确认所有设备符合受电条件。

7.2.6.2 变压器的所有保护具备投入条件，且置于投入位置。与继电保护主管部门联系，采取临时措施将变压器后备保护的动作时间适当缩短，使其在主保护拒动时能以较快速度切除可能出现的故障；考虑到变压器开关由于某些原因而可能拒动，其相邻的上一级开关也应能以较快的速度切除故障，所以变压器的上一级保护定值亦应临时调整。待试验结束后再恢复正常定值。特别指出，变压器的瓦斯保护不仅可以保护变压器内部电气故障，而且对于非电气故障也能起到很好的保护作用，因此在变压器空载投入时其轻、重瓦斯保护要分别投入信号和跳闸。

7.2.6.3 对于三芯五柱铁芯变压器，在全电压冲击合闸时可能会造成系统的零序保护误动跳闸。为此应在冲击试验前与继电保护主管部门联系，由调度部门考虑是否调整系统额定值。

7.2.6.4 准备录取变压器空投时电压、励磁电流波形的试验接线及试验设备，经检查接线正确，试验设备应完好。

7.2.6.5 第一次冲击合闸并录取电压、励磁电流波形。合闸后维持 30min 监听并确认变压器内部声音正常，有关表计指示正常后再进行下一次合闸。

7.2.6.6 冲击合闸共进行 5 次，每次间隔 5min，后 4 次合闸后保持 3min～5min，变压器和表计指示应无异常。

7.2.6.7 冲击合闸时如果变压器开关跳闸，应查明原因，若非变压器引起，可将问题解决后继续试验。

7.2.6.8 冲击合闸时，如果变压器差动保护动作，可能与差动保护定值躲不过变压器励磁涌流有关。应从录波图中测算变压器励磁涌流的大小并与保护定值核对，以判断定值的正确性。

7.2.7 中压母线受电注意事项:

7.2.7.1 厂用空载母线受电前应先用兆欧表检查其绝缘情况。

7.2.7.2 厂用空载母线受电后,测量电压互感器二次侧各相电压,检查相序及两段母线间的相位,核对相别。

7.2.7.3 厂用空载母线受电时应注意监视母线各相电压及绝缘监视信号,一旦出现异常情况及时将母线电源开关断开,并查明原因。

7.3 单 机 试 运

7.3.1 单机试运是指单台辅机的试运。其试运应由施工单位牵头,在调试等有关单位配合下完成。合同规定由设备制造厂负责单体调试的项目,必须由建设单位组织调试、生产等单位检查验收。验收不合格的项目,不能进入分系统试运和整套启动试运。

7.3.2 在单机试运过程中电气调试的主要工作是辅机的电动机调试、二次回路及保护和电气仪表的检查。

7.3.2.1 单机试运前应编写单机试运方案。单机试运方案的内容应包括试运前的准备工作、组织分工、编写依据、安全措施、操作步骤和检验项目等。

7.3.3 单机试运的试验项目。

7.3.3.1 电动机的空载启动。

7.3.3.2 电动机的带负荷启动。

7.3.4 单机试运中易发生的异常及处理办法。

7.3.4.1 单机试运时电动机首次带电和带负荷,因而在启动过程中要严密监视。

7.3.4.2 如果电动机在启动时声音出现异常或不转动,应立即切断电源并查明原因。应重点检查是否有机械擦碰或机械卡死现象,或检查电动机是否出现非全相运行。

7.3.4.3 启动中若发现电动机出现冒烟或有焦煳味,说明电动机绝缘存在薄弱点,或定子绕组回路连接处存在接触不良。应立即切断电源,检查外观或采取试验手段找出故障点并进一步处理。

7.3.4.4 新投运的电动机常发生制造不良、机械损伤、线圈松动及振动致使绝缘损坏而烧毁。因此在安装时就应详细检查电动机定子绕组的端部固定情况、槽楔紧固程度等。

7.3.4.5 鼠笼电动机的转子笼条断裂时,机组往往出现转矩减小、振动大、启动噪声大等现象,这时应立即停机检查。

7.3.4.6 电动机带负荷启动时,由于启动电流大、启动时间长(有条件时可使用录波装置录取启动波形),有时可能出现保护误动将负荷切除。此时应先排除继电器调试及二次回路中可能存在的问题,然后将情况反映给继电保护主管部门,审核保护整定值。

7.4 分系统调试阶段工作

7.4.1 发电机-变压器组保护系统调试注意事项

7.4.1.1 试验前应检查屏柜及装置的外观是否有明显的损伤或螺栓松动。

7.4.1.2 试验中,一般不要插拔装置插件,不触摸插件电路,需插拔时必须关闭电源。

7.4.1.3 调试过程中发现有问题要先找原因,不要频繁更换芯片。必须更换芯片时,需用专用起拔器。应注意芯片插入的方向,插入芯片后需经第二人检查无误后,方可通电检验或使用。

7.4.1.4 使用的试验仪器应进行定期检验，并确认状态正常，使用时必须可靠接地。

7.4.1.5 保护装置的图纸、资料齐全，调试定值单已录入装置，并经装置自检通过。

7.4.1.6 熟悉调试过程中的危险源点、安全措施和带电区域的安全距离。

7.4.1.7 检验发电机-变压器组保护至故障录波器、DCS 等设备的信号回路，模拟各类保护动作后，接至 DCS、故障录波器、远动的相应信号应正确。

7.4.1.8 保护装置带开关传动试验，跳开关跳圈Ⅰ时断开跳圈Ⅱ操作电源，跳开关跳圈Ⅱ时断开跳圈Ⅰ操作电源；两个操作电源都送上进行双跳闸线圈极性检查。

7.4.2 励磁系统调试

7.4.2.1 励磁系统的现场试验应按照 DL/T 1166 执行。

7.4.2.2 小电流试验时，需确保交流进线柜母线与励磁变压器低压侧的回路断开，防止交流电压误加至励磁变压器。直流输出至转子的回路已断开，防止直流电压加至转子。

7.4.2.3 励磁系统内配置的转子接地保护应校验。

7.4.3 发电机-变压器组（发电机）同期系统

7.4.3.1 微机自动准同期装置应安装独立的同期鉴定闭锁继电器，且该继电器的出口回路必须串接在自动准同期装置出口合闸的回路当中。

7.4.3.2 同期在 DCS 中的逻辑应与 DCS 的厂家人员沟通，确认该逻辑是否能在其系统中实现，且应经运行人员确认后再通过调试单位、监理单位、建设单位及项目公司的共同讨论会签后才能实施。

7.4.3.3 带开关整组试验时应根据同期装置实测的开关合闸时间，对同期装置的导前时间定值进行校核。

7.4.4 高压厂用电源快切系统

7.4.4.1 根据设计院出具的图纸结合快切装置出厂的原理图，检查整个装置与 DCS 的控制和信号回路，到工作分支和备用分支的电流回路、电压回路、控制和信号回路，到厂用系统母线 PT 柜的电压回路、信号回路，到发电机-变压器组保护的二次回路等。

7.4.4.2 装置空载带开关整组传动，试验结束后将系统恢复至试验前状态。

7.4.4.3 当工作电源和备用电源引自不同的电压等级时（如工作电源为 500kV 系统，备用电源为 220kV 系统），一般不建议采用手动并联切换方式，建议使用手动串联切换方式。

7.4.5 故障录波系统

7.4.5.1 根据项目公司提供的定值单，依次对模拟量启动进行测试。

7.4.5.2 整组试验一般安排在所有二次回路检查结束后，从开关量的源头进行模拟，同时在故障录波器观察录波器启动报文，是否与设计院的设计相一致。

7.4.6 保安电源二次系统

7.4.6.1 柴油发电机的手动、自动控制功能符合设计要求和技术规范书要求。

7.4.6.2 柴油发电机各保护功能，符合设计要求，整定值正确，跳闸回路正确、可靠。

7.4.6.3 柴油发电机各报警信号，符合设计要求，报警信号正确。

7.4.6.4 保安段切换逻辑试验。

7.4.6.5 柴油发电机空载状态下的逻辑切换试验。

7.4.6.6 柴油发电机带额定负载状态下的切换试验。

7.4.6.7 柴油发电机带负荷及并网试验（具有该功能的需要做该试验）。

7.4.7 UPS系统

7.4.7.1 核查二次回路。

7.4.7.2 静态转换开关切换时间应满足要求。

7.4.7.3 切换试验。

7.4.7.4 带负荷切换试验。

7.4.8 直流电源系统

7.4.8.1 核查直流电源回路及二次回路。

7.4.8.2 交流混入直流系统的报警试验。

7.4.8.3 直流系统极差配合试验。

7.4.8.4 带大负荷试验。

7.4.9 电力调度自动化系统和电力通信网系统

7.4.9.1 检查电源配置符合要求。

7.4.9.2 检查光缆通道符合要求。

7.4.9.3 检查专用直流系统符合要求。

7.5 整套启动调试阶段工作

7.5.1 整套启动试验程序

7.5.1.1 在试运指挥部的领导下，建设单位负责组织建设、监理、设计、施工、调试、生产等单位，对整套启动试运条件进行前面检查，并报请上级质量监督机构进行整套启动前质量监督检查。

7.5.1.2 召开启动验收委员会会议，听取试运指挥部和主要参建单位关于整套启动试运前工作情况汇报和整套启动试运前质量监督检查报告，对整套启动试运条件进行审查和确认，并做出决议，确定启动时间和范围。

7.5.1.3 调试单位按整套启动试运条件检查确认表组织调试、施工、监理、建设、生产等单位进行检查确认签证，报请试运指挥部总指挥批准。

7.5.1.4 生产单位将试运指挥部总指挥批准的整套启动试运计划报电网调度部门批准后，整套试运组按计划组织实施机组整套启动试运。

7.5.1.5 机组整套启动空负荷、带负荷试运全部试验项目完成后，调试单位按机组进入满负荷试运条件检查确认表组织调试、施工、监理、建设、生产等单位进行检查确认签证，报请试运指挥部总指挥批准。生产单位向电网调度部门提出机组进入满负荷试运申请，经同意后，机组进入满负荷试运。

7.5.1.6 机组满负荷试运结束前，调试单位按满负荷试运结束条件检查确认表组织调试、施工、监理、建设、生产等单位检查确认签证，报请试运指挥部总指挥批准，由总指挥宣布满负荷试运结束，机组移交生产单位，生产单位报电网调度部门。

7.5.1.7 调试单位负责填写机组整套启动试运空负荷、带负荷、满负荷调试质量验收表，监理单位组织调试、施工、监理、建设、生产等单位完成验收签证。

7.5.2 并网前试运行工作

7.5.2.1 测量转子绕组交流阻抗时，将发电机转子绕组与励磁系统回路完全断开，并采取安全措施保证给转子绕组加入的试验电源不会影响到励磁回路的其他设备。

7.5.2.2 短路试验时发电机过电压保护定值临时可改为 40V～50V、跳闸延时改为 0s，作为短路试验的后备保护。发电机-变压器组保护跳闸出口压板仅投跳灭磁开关。出口开关宜断开控制回路电源，防止开关误分闸。

7.5.2.3 假同期试验时并网开关合闸时应为假同期电压录波包络线最低点。同期装置的增速、减速、增磁和减磁均应试验。导前时间更改后假同期录波应再重复试验，确认修改正确。

7.5.3 带负荷试运行工作

7.5.3.1 并网前，恢复并网断路器至 DEH、励磁调节器临时措施，DCS 后台强制点应由热工专业取消。

7.5.3.2 带负荷后注意发电机-变压器组保护中功率型保护的方向性、涉网保护的方向性。

7.5.3.3 测量不同负荷下电流互感器二次回路相位、差动保护差流和中性线电流。

7.5.3.4 机组负荷满足试验条件时，进行高压厂用电源带负荷手动切换试验和事故快速切换试验。切换前做好事故预想。

7.5.3.5 记录不同负荷下三次谐波比率值。

7.5.4 满负荷阶段工作

7.5.4.1 记录电气专业满负荷试运行主要参数。

7.5.4.2 统计电气专业试运行技术指标。

7.5.4.3 记录满负荷下三次谐波比率值，并对定子接地保护定值进行校核。

7.5.5 验收依据

对新安装的继电保护装置进行验收时，应以订货合同、技术协议、设计图和技术说明书及有关验收规范等规定为依据，按 GB 50171、GB 50172、DL/T 995、DL/T 5294、DL/T 5295 等标准及有关规程和规定进行调试，并按定值通知单进行整定。检验整定完毕，并经验收合格后方可允许投入运行。

7.6 燃气轮机变频启动调试阶段工作

7.6.1 编写燃气轮机变频启动系统调试措施。

7.6.2 调试项目及技术要求如下。

7.6.2.1 变频启动系统应进行下列不带电状态确认：

　a）变频启动系统一次设备完好。

　b）盘柜柜体可靠接地，各个盘柜间接地铜排应相连，并与地网可靠连接。

　c）盘柜间一次、二次接线与供货商图纸和设计图纸相符。

　d）整流器电源与逆变器输出相序一致。

　e）变频启动系统硬件设计符合要求。

　f）整流器、逆变器冷却水质满足要求，循环水系统运行正常。

7.6.2.2 变频启动系统应进行下列带电状态确认：

　a）变频启动系统工作电源、内部软件、参数设置版本符合要求。核查变频启动系统发电机转速、机端电压、机端电流、有功、无功、转子电流等模拟量准确。

　b）确认隔离变压器本体试验合格。

　c）核查变频启动系统二次回路，确认隔离变压器一次、二次相序正确，电流互感器

40

极性和变比正确。

d) 确认各隔离开关回路接线与供货商图纸及设计图纸相符，核查各隔离开关的一次母线连接紧固，确认各隔离开关合闸、分闸操作正常，核查各隔离开关的合闸、分闸动作时间符合变频启动要求。

e) 确认整流柜、逆变柜网路接线与供货商图纸及设计图纸相符，核查整流柜、逆变柜内一次母线连接紧固，确认整流柜、逆变柜内晶闸管容量及一次快熔保险符合设计要求，确认整流柜、逆变柜交直流隔离开关间分、合位置良好，就地指示正确，核查变频启动系统其他设备及二次回路。

7.6.2.3 变频启动系统调试应符合下列要求：

a) 核查变频启动系统输出信号正确。

b) 核查变频启动系统与 DCS 系统之间回路正确。

c) 隔离变压器保护与 DCS 系统、发电机-变压器组保护和励磁调节器之间回路传动试验。

d) 各隔离开关与 DCS 系统、发电机-变压器组保护和励磁调节器之间回路传动试验。

e) 整流、逆变装置与 DCS 系统、发电机-变压器组保护和励磁调节之间回路传动试验。

f) 变频启动系统其他设备与 DCS 系统、发电机-变压器组保护和励磁调节器之间回路传动试验。

g) 燃气轮机不点火工况下，变频启动系统逻辑流程检查及冷拖试验。

h) 变频启动系统用于其他机组启动的切换试验。

i) 填写调试记录。

j) 调试质量验收签证。

7.6.3 整套启动调试及技术要求如下：

a) 检查变频启动系统逻辑流程：燃气轮机采用一键式启动，变频励磁系统自动投入，变频启动装置启动，达到规定转速时燃气轮机点火，升速至规定转速时，变频励磁系统自动退出，变频启动装置自动退出。

b) 填写调试记录。

c) 调试质量验收签证。

7.7 验　　收

7.7.1 在调试验收时，应按相关规程要求，检验线路和主设备的所有保护之间的相互配合关系，对线路纵联保护还应与线路对侧保护进行一一对应的联动试验，并有针对性地检查各套保护与跳闸连接片的唯一对应关系。

7.7.2 并网发电厂机组投入运行时，相关继电保护、自动装置和电力专用通信配套设施等应同时投入运行。

7.7.3 新建 110kV 及以上的电气设备参数，应按照有关基建工程验收规程的要求，在投入运行前进行实际测试。

7.7.4 对于基建、更改工程，应配置必要的继电保护试验设备和专用工具。

7.7.5 新设备投产时应认真编写保护启动方案，做好事故预想，确保设备故障时能被可靠切除。

7.7.6 新设备投入运行前，项目公司应按 GB 50171、GB 50172、DL/T 995、DL/T 5294 和 DL/T 5295 等验收标准的有关规定，与发电厂进行设计图、仪器仪表、调试专用工具、备品备件和试验报告等移交工作。

7.7.7 火力发电建设工程机组调试质量，应按分系统试运和整套启动试运两个阶段进行验收。其结果应满足 DL/T 5295《火力发电建设工程机组调试质量验收及评价规程》的要求。

8 电气二次生产准备及考核期管理

8.1 生产准备管理

8.1.1 生产单位、检修维护单位应全过程参与新建机组电气二次相关的设计审查、设备选型、制造、安装、调试工作。

8.1.2 在电气二次设备采购时，生产单位、检修维护单位应提出对设备选型的建议和意见，并在技术协议中明确制造厂应提供技术和备件支持。

8.1.3 在电气二次设备的安装期间，生产单位、检修维护单位应定期到现场熟悉、检查电气二次设备安装情况，确保电气二次设备安装工作满足规定。

8.1.4 在机组调试期间，生产单位应参与调试单位的调试工作，了解和掌握机组电气二次调试过程发生的问题和经验。

8.1.5 生产单位应保存基建时期电气二次校验记录、试验记录曲线及分析报告等相关资料，以便于对基建调试阶段的工作进行查询、分析、追忆和评估。

8.1.6 为确保机组试运行考核期电气二次可靠性工作的规范、有序，生产单位在机组投产运行之前，应参照相关的国家和行业规定制定下列制度：

8.1.6.1 继电保护及安全自动装置检验规程。

8.1.6.1 继电保护及安全自动装置运行规程。

8.1.6.2 继电保护及安全自动装置检验管理规定。

8.1.6.3 继电保护及安全自动装置定值管理规定。

8.1.6.4 微机保护软件管理规定。

8.1.6.5 继电保护装置及安全自动装置投退管理规定。

8.1.6.6 继电保护反事故措施管理规定。

8.1.6.7 继电保护图纸管理规定。

8.1.6.8 故障录波装置管理规定。

8.1.6.9 继电保护及安全自动装置巡回检查管理规定。

8.1.6.10 继电保护及安全自动装置现场保安工作管理规定。

8.1.6.11 继电保护试验仪器、仪表管理规定。

8.1.6.12 继电保护及安全自动装置缺陷管理标准。

8.1.6.13 设备异动管理标准。

8.1.6.14 设备停用、退役管理标准。

8.1.6.15 应急管理预案。

8.1.6.16 技术监督体系及管理制度。

8.1.6.17 二次设备定检周期表。

8.1.6.18 电力监控系统相关制度。

8.2 资 料 管 理

8.2.1 对进场所有二次设备资料进行验收。收集整理和归档保护及相关设备出厂试验报告、产品合格证、产品技术和使用说明书、初设图纸资料、竣工图纸资料、调试记录、调试报告及有关调试安装阶段的影音资料等内容，并建立完整的技术台账、索引，便于现场使用时快速查找。

8.2.2 参与二次设备进场时现场验收。进场时设备本体及备品备件验收等，并建立备品备件管理台账，一式三份，档案室、仓库及部门留存。

8.2.3 参与二次设备调试后的验收。外观检查、二次回路检查、通道调试、保护功能测试、整组试验等内容，并将现场验收报告整理归档，建立相应台账。

8.2.4 整理设计院电气二次资料，如施工图、设计变更、竣工图等设计资料。

8.2.5 确保以下资料齐全：二次设备台账、电力监控系统拓扑图、设备安装技术记录、根据合同提供的备品备件清单、安装技术记录、调整试验记录、微机保护及自动装置定值整定计算书及定值清单。

8.3 定 值 管 理

8.3.1 发电机-变压器组保护定值管理。进行整定计算时应遵循 GB/T 14285《继电保护和安全自动装置技术规程》、DL/T 684《大型发电机变压器继电保护整定计算导则》等相关技术标准，由项目公司组织进行整定，并按系统年度综合电抗及时校核有关保护定值。在整定计算中需注意与汽轮机超速保护，与励磁系统过压、欠压，以及过励、低励保护、厂用电系统的整定配合关系。定值配置参见附录 C。

8.3.2 电气保护定值修改审批应符合下列程序：

8.3.2.1 机组分部试运前，生产单位负责提供机组电气保护定值，项目公司负责组织设计、生产、调试、施工、监理监管等单位相关人员，进行一次全面审查，形成正式定值清单。

8.3.2.2 生产单位将此清单以正式文件形式发给施工和调试等单位。

8.3.2.3 机组试运期间，如需修改电气保护定值，应履行报批手续。由提出修改单位申请，说明修改原因，经生产单位批准后方可实施。

8.3.3 加强继电保护定值与压板管理，明确各部门职责，规范继电保护定值与压板流程管理，保证继电保护定值与压板的正确性。

8.3.4 依据电网结构和继电保护配置情况，按相关规定进行继电保护的整定计算。当灵敏性与选择性难以兼顾时，应首先考虑以保灵敏度为主，防止保护拒动，并备案报主管领导批准。

8.3.5 项目公司应按相关规定进行继电保护整定计算，并认真校核与系统保护的配合关系，加强对主设备及厂用系统的继电保护整定计算与管理工作。

8.3.6 大型发电机高频、低频保护整定计算时，应分别根据发电机在并网前、后的不同运行工况和制造厂提供的发电机性能、特性曲线，并结合电网要求进行整定计算。

8.3.7 过励磁保护的启动元件、反时限和定时限应能分别整定，其返回系数不宜低于 0.96。整定计算应全面考虑主变压器及高压厂用变压器的过励磁能力，并与励磁调节器 V/Hz 限制特性相配合，按励磁调节器 V/Hz 限制首先动作、再由过励磁保护动作的原则进行整定和校核。

8.3.8 发电机负序电流保护应根据制造厂提供的负序电流暂态限值（A 值）进行整定，并留有一定裕度。发电机保护启动失灵保护的零序或负序电流判别元件灵敏度应与发电机负序电流保护相配合。

8.3.9 发电机励磁绕组过负荷保护应投入运行，且与励磁调节器过励磁限制相配合。

8.3.10 继电保护专业和通信专业应密切配合，加强对纵联保护通道设备的检查，重点检查是否设定了不必要的收、发信环节的延时或展宽时间。注意校核继电保护通信设备传输信号的可靠性和冗余度及通道传输时间，防止因通信问题引起保护不正确动作。

8.3.11 未配置双套母差保护的变电站，在母差保护停用期间应采取相应措施，严格限制母线侧隔离开关的倒闸操作，以保证系统安全。

8.3.12 在电压切换和电压闭锁回路，断路器失灵保护，母线差动保护，远跳、远切、联切回路，以及"和电流"等接线方式有关的二次回路上工作时，以及 3/2 断路器接线等主设备检修而相邻断路器仍需运行时，应特别认真做好安全隔离措施。

8.3.13 新投运或电流、电压回路发生变更的 220kV 及以上保护设备，在第一次经历区外故障后，宜通过打印保护装置和故障录波器报告的方式校核保护交流采样值、收发信开关量、功率方向以及差动保护差流值的正确性。

8.3.14 励磁主要控制参数及保护包括：

- a) 自动电压主环 PID 控制参数。
- b) 电力系统稳定器参数。
- c) V/Hz 限制器参数。
- d) 低励限制器参数。
- e) 过励限制器参数。
- f) 定子过流限制器参数。
- g) 转子接地保护定值。

8.3.15 励磁调节器限制定值应与发电机-变压器组保护定值协调配合，励磁限制应先于发电机-变压器组保护动作，配合关系如下：

- a) 低励限制应与失磁保护配合。
- b) 过励限制应与发电机转子过负荷保护配合。
- c) 定子过流限制应与发电机定子过负荷保护配合。
- d) V/Hz 限制应与发电机和主变压器过励磁保护配合。

8.3.16 对于自并励励磁系统应注意励磁变压器保护定值整定原则的合理性，要求如下：

- a) 如采用励磁变压器差动保护作为主保护，应适当提高差动启动电流值，建议按 $0.5\sim0.7I_e$ 整定。
- b) 如采用电流速断保护作为主保护，速断电流应按励磁变压器低压侧两相短路有一定灵敏度要求整定，一般灵敏度可取 1.2～1.5，动作时间按躲过快速熔断器熔断时间整定，建议取 0.3s。
- c) 过流保护作为励磁变压器后备保护，其整定值可按躲过强励时交流侧励磁电流整定，动作时间一般为 0.6s。
- d) 过负荷保护电流应取自励磁变压器低压侧电流互感器，如动作于停机，过负荷定值应按严重过负荷整定，一般按 1.2～1.5 倍额定励磁电流整定，延时应躲过强励时间。

8.3.17 励磁系统（包括电力系统稳定器）的整定参数应适应跨区交流互联电网不同联网方式运行要求，对 0.1Hz～2.0Hz 系统振荡频率范围的低频振荡模式应能提供正阻尼。

8.3.18 对于厂用电系统充分考虑机组特殊工况下的保护定值整定的合理性，要求如下：

    a）重要辅机低电压定值应避免短路故障时故障电压穿越造成重要辅机跳闸，引起机组跳闸。

    b）厂用电保护应充分考虑保护范围及后备保护配置合理，避免出现死区、越级跳闸情况。

    c）重要辅机连锁启动定值应纳入到保护定值管理体系中进行检验。

    d）设置多电源的厂用电其保护定值应充分考虑到供电方式的影响，防止误动、拒动情况引起故障扩大。

9 电气二次可靠性评价

9.1 一 般 规 定

9.1.1 继电保护及安全自动装置

9.1.1.1 发电机、变压器、联络变压器、高压厂用变压器、高压并联电抗器、母线、断路器失灵、非全相、110kV及以上线路（旁路）的主系统保护装置及自动装置（同期、切机、解列、故录、低频减载、备用电源自投）3kV及以上厂用电保护应符合规程和反事故措施的规定。

9.1.1.2 保护装置和安全自动装置应按整定方案要求投入运行。

9.1.1.3 220kV及以上主变压器，联络变压器微机保护应实现双重化配置并正常投入运行。

9.1.1.4 国家能源局发布《防止电力生产事故的二十五项重点要求》和上级有关文件的贯彻落实。

9.1.1.5 制订防止继电保护"三误"（误碰、误接线、误整定）事故的反事故措施。

9.1.1.6 专业班组应具有上级颁发的主系统保护及自动装置的检验规程和条例，或按照相关规程、条例参照厂家的调试大纲编制符合本厂实际的检验规程（条例）。

9.1.1.7 检验报告书的格式应规范、项目齐全、数据正确。

9.1.1.8 所有差动保护和方向性保护是否按规定负荷电流（线路保护也可用线路空载电流）和工作电压检验保护回路接线的正确性。

9.1.1.9 故障录波器应按调度部门的要求正常投入运行，测距整定正确、模拟量和开关量全部投入，运行工况应良好。

9.1.1.10 系统安全稳定要求配置的安全自动装置，应按调度部门的要求正常投入运行。

9.1.1.11 发电机、主变压器和高压厂用变压器的保护装置应具有符合整定运行规程规定的整定计算方案，且审批手续完备；遇有运行方式较大变化和重要设备变更时应及时修改整定方案。

9.1.1.12 专业班（组）应具备符合与现场设备一致的继电保护及自动装置及相关二次回路的原理展开图、端子排图及厂家装置说明书。

9.1.1.13 继电保护及自动装置整定值变更应认真执行定值单通知制度；定值单的签发、审核和批准应符合规定；当设备参数或系统电抗发生变化时应进行一次定值的全面核对。

9.1.1.14 户外端子箱、接线盒的防尘、防潮措施应完善。气体继电器应加装符合要求的防雨罩。

9.1.1.15 保护屏上的继电器、连接片、试验端子、熔断器、指示灯、端子排和各种小断路器的状况，应符合安全要求，标志应规范、齐全、清晰；保护和自动装置屏前后标志应正确。

9.1.1.16 入网运行的继电保护及自动装置新产品，应符合电网有关规定并按调度管辖范围履行审批手续。

9.1.2 信号回路

9.1.2.1 应当装设直流电源回路绝缘监视装置，直流系统发生接地故障或绝缘电阻低于整定值时，直流绝缘监测装置应可靠动作，绝缘电阻整定值：220V 的用 25kΩ；110V 用 7kΩ；48V 用 1.7kΩ。

9.1.2.2 检查测试带串联信号继电器回路的整组启动电压，必须保证在 80%直流额定电压和最不利条件下分别保证中间继电器和信号继电器都能可靠动作。

9.1.3 跳闸连接片

9.1.3.1 除公用综合重合闸的出口跳闸回路外，其他直接控制跳闸线圈的出口继电器，其跳闸连接片应装在跳闸线圈和出口继电器的触点间。

9.1.3.2 经由共用重合闸选相元件的 220kV 线路的各套保护回路的跳闸连接片，应分别经切换连接片接到各自启动重合闸的选相跳闸回路或跳闸不重合的端子上。

9.1.3.3 跳闸连接片的开口端应装在上方，接到断路器的跳闸线圈回路，应满足以下要求：连接片在落下过程中必须与相邻连接片有足够的距离，保证在操作连接片时不会碰到相邻的连接片；检查并确认连接片在扭紧螺栓后能可靠地接通回路；穿过保护屏的连接片导电杆必须有绝缘套，并距屏孔有明显距离；检查连接片在拧紧后不会接地。不符合上述要求的需立即处理或更换。

9.1.4 保护屏

9.1.4.1 保护屏必须有接地端子，并用截面不小于 $4mm^2$ 的多股铜线和接地网直接连通。装设静态保护的保护屏间应用专用接地铜排直接连通，各行专用接地铜排首末端同时连接，然后在该接地网的一点经铜排与控制室接地网连通。专用接地铜排的截面不得小于 $100mm^2$。

9.1.4.2 保护屏本身必须可靠接地。

9.1.4.3 屏上的电缆必须固定良好，防止脱落、拉坏接线端子排造成事故。

9.1.4.4 所有用旋钮（整定连接片用）接通回路的端子，必须加铜垫片，以保证接通良好，特别注意螺杆不应过长，以免不能可靠压接。

9.1.4.5 跳（合）闸引出端子应与正电源适当地隔开。

9.1.4.6 弱信号线不得与有强干扰（如中间继电器线圈回路）的导线相邻近。

9.1.4.7 两个被保护单元的保护装置配在一块屏上时，其安装必须明确分区，并划出明显界线，以利于分别停用试验。一个被保护单元的各套独立保护装置配在一块屏上，其布置也应明确分区。

9.1.5 保护装置本体

9.1.5.1 保护装置的箱体，必须经试验确证可靠接地。

9.1.5.2 所有隔离变压器（电压、电流、直流逆变电源、导引线保护等）的一、二次绕组间必须有良好的屏蔽层，屏蔽层应在保护屏可靠接地。

9.1.6 互感器及其二次回路

9.1.6.1 电流互感器及电压互感器的二次回路必须分别有且只能有一点接地。

9.1.6.2 由几组电流互感器二次组合的电流回路，如差动保护、各种双断路器主接线的保护电流回路，其接地点应在和电流处。

9.1.6.3 已在控制室一点接地的电压互感器二次绕组，如认为必要，可以在升压站将二次绕组中性点经放电间隙或氧化锌阀片接地，其击穿电压峰值应大于 $30I_{max}V$。其中 I_{max} 为电网接地故障时通过变电站的可能最大接地电流有效值，单位为 kA。

9.1.6.4 宜取消电压互感器二次回路 B 相接地方式，或改为经隔离变压器实现同步并列。

9.1.6.5 多绕组电流互感器及其二次绕组接入保护回路的接线原则如下：

    a) 装小瓷套的一次端子应放在母线侧。

    b) 保护接入的二次绕组分配，应特别注意避免当一套线路保护停用而线路继续运行时，出现电流互感器内部故障时的保护死区。

    c) 新安装及解体检修后的电流互感器应做变比及伏安特性试验，并作三相比较以判别二次绕组有无匝间短路和一次导体有无分流；注意检查电流互感器末屏应已可靠接地。变压器中性点电流互感器的二次回路伏安特性需与接入的电流继电器启动值校对，保证后者在通过最大短路电流时能可靠动作。

9.1.7 现场试验

9.1.7.1 不允许在未停用的保护装置上进行试验和其他测试工作；也不允许在保护未停用的情况下，用装置的试验按钮（除闭锁式纵联保护的启动发信按钮外）做试验。

9.1.7.2 所有的继电保护定值试验，都必须以符合正式运行条件（如加上盖子、关好门等）为准。

9.1.7.3 分部试验应采用和保护同一直流电源，试验用直流电源应经专用熔断器供电。

9.1.7.4 只能用整组试验的方法，即除由电流及电压端子通入与故障情况相符的模拟故障量外，保护装置处于与投入运行完全相同的状态下，检查保护回路及整定值的正确性。不允许用卡继电器触点、短路触点或类似人为手段做保护装置的整组试验。

9.1.7.5 所有差动保护（母线、变压器的纵差与横差等）在投入运行前，除测定相回路及差回路电流外，必须测各中性线的不平衡电流，以保证回路完整、正确。

9.1.7.6 在直流电源恢复（包括缓慢地恢复）时不能自动启动的直流逆变电源，必须更换。

9.1.7.7 所有正常运行时动作的电磁型电压及电流继电器的触点，必须严防抖动；特别是综合重合闸中的相电流辅助选相用的电流继电器，有抖动的必须消除或更换。

9.1.7.8 对于由 $3U_0$ 构成的保护的测试：

    a) 不能以检查 $3U_0$ 回路是否有不平衡电压的方法来确认 U_0 回路是否良好。

    b) 不能单独依靠"六角图"测试方法确证 $3U_0$ 构成的方向保护的极性关系正确。

    c) 可以包括电流及电压互感器及其二次回路连接与方向元件等综合组成的整体进行试验，以确证整组方向保护的极性正确。

    d) 宜查清电压及电流互感器极性，所有由互感器端子到继电保护屏柜的连线和零序方向继电器的极性，再做出综合的正确判断。

    e) 变压器零序差动保护，应以包括两组电流互感器及其二次回路和继电器元件等综合组成的整体进行整组试验，以保证回路接线及极性正确。

9.1.7.9 多套保护回路共用一组电流互感器，停用其中一套保护进行试验时，或者与其他保护有关联的某一套进行试验时，必须特别注意做好其他保护的安全措施，例如将相关的电流回路短接，将接到外部的触点全部断开等。

9.1.7.10 在可靠停用相关运行保护的前提下，对新安装设备进行各种插拔直流熔断器的试验，以保证没有寄生回路存在。

9.1.8 现场运行

9.1.8.1 配置双套纵联差动保护的线路，任何时间都应有一套纵联差动保护在运行中，特殊情况须经领导审批。

9.1.8.2 线路基建投产,相应的保护包括纵联差动保护,必须同步投入运行。

9.1.8.3 触动外壳时有可能动作的出口继电器,必须尽快更换。

9.1.8.4 厂用电保护应结合运行经验分别制订相应的反事故措施,避免厂用电事故引起全厂停电。

9.1.8.5 为了保证静态保护装置本体的正常运行,最高的周围环境温度不超过+40℃,安装装置的室内温度不得超过+30℃,如不满足要求应装设空调设施。

9.1.8.6 同一电缆内的其他芯线接入其他控制室设备时,也必须先经耐压水平 15kV 的隔离变压器隔离。不允许在变电站接地网上接地,更不允许出现两端接地的情况。

9.1.8.7 引到控制室的导引线电缆屏蔽层应绝缘,保持对控制室接地网 15kV 的耐压水平;同时导引线电缆的屏蔽层必须在离开变电站接地网边沿 50～100m 处实现可靠接地,以形成用大地为另一连接通路的屏蔽层两点接地方式。

9.1.8.8 对较长线路,可以只在引入变电站升压站部分采用双层绝缘护套的专用导引线电缆,并在距升压站接地网边沿 50～100m 处接入一般通信电缆。除遵守上一条原则外,必须满足下列条件:

    a) 导引线保护用的一对通信电缆芯线,也必须是对绞线。

    b) 通信电缆屏蔽层与专用导线屏蔽层连通,将通信电缆的屏蔽层在连接处可靠接地,形成以大地为另一通路的屏蔽层两点接地方式。

    c) 通信电缆的其他缆芯线不允许出现两端接地情况。

9.1.9 励磁系统

9.1.9.1 励磁系统应满足发电机正常工况下的稳定运行,如自动、手动调节范围能满足要求;低励限制环节能正常工作;各重要组件未出现过热现象;无因励磁调节器异常引起机组无功摆动甚至跳闸等问题。

9.1.9.2 励磁调节器能保证自动-手动切换或两自动通道之间的切换过程无扰动;不存在手动通道(或转子电流闭环通道)或备励长期运行的情况;当机组或电力系统发生扰动或故障时,能满足静态及动态稳定性的要求。

9.1.9.3 自动电压调节器配置的各种限制器或保护环节,如过励磁、过励、过电压、低励、无功电流补偿(调差系数)和 PSS 装置等,应做到定值设置合理并安全投入运行。

9.1.9.4 励磁调节系统投产时应做过甩负荷、阶跃等扰动性试验,动态特性应满足要求。

9.1.9.5 灭磁装置应在发电机各种工况下可靠灭磁。当工作电压偏差为-15%～+10%、频率偏差为-6%～+4%时,励磁控制系统设备能正常工作。

9.1.9.6 励磁系统设计能满足强励的要求。

9.1.9.7 发电机转子一点接地保护按要求投入运行,报警信号正常。

9.1.9.8 当发电机失去励磁且失磁保护未动作时,应能够立即将发电机解列。

9.1.9.9 副励磁机和主励磁机或励磁变压器在调试及试运行中未发生过异常,励磁变温度报警跳闸信号正常。

9.1.9.10 励磁系统大功率整流器及其交、直流侧保护设备在调试及试运行中未发生过异常、过热、报警等情况。

9.1.9.11 专业班组应有发电机励磁系统设计图纸、审批文件和记录、使用说明及有关的技术资料,如运行规程、检验规程等。

9.1.10 直流系统

9.1.10.1 直流系统的蓄电池、充电装置、直流屏（柜）、接线方式、网络设计、保护与监测接线及电缆的设计配置应符合 DL/T 5044《电力工程直流系统设计技术规程》的规定和《防止电力生产事故的二十五项重点要求》及有关反事故措施和规程的要求。

9.1.10.2 蓄电池的端电压应处于正常范围，应按规定进行测量和检查，数据准确、记录齐全（阀控式电池只测端电压）。

9.1.10.3 蓄电池不应存在极板弯曲、脱落、硫化和极柱腐蚀等缺陷。碱性电池应无爬碱现象。

9.1.10.4 浮充运行的蓄电池组浮充电压、电流的调节应适当。补助电池应进行定期充电。

9.1.10.5 蓄电池的通风和采暖设备应良好，室温应满足要求。室内的防火、防爆、防震措施应符合规定。

9.1.10.6 直流母线电压应保持在规定的范围内。

9.1.10.7 直流系统对地绝缘情况应良好。

9.1.10.8 直流系统绝缘监察装置和电压切换装置运行应正常。

9.1.10.9 微机型直流系统绝缘选线装置应进行模拟试验，运行工况应正常。

9.1.10.10 充电装置的性能（包括稳压、稳流精度和纹波系数）和功能（保护、控制、信号）应满足有关规程和反事故措施要求，运行工况应正常，不应存在严重缺陷。

9.1.10.11 直流系统各级熔断器和空气小断路器进行过核对能否满足选择性要求。

9.1.10.12 直流屏（柜）上的断路器、隔离开关、熔断器、继电器、表计等元件的标志应齐全、规范、清晰、正确。

9.1.10.13 运行现场应备有各种规格、足够数量的熔断器和空气小断路器备件；应做到定点存放、规范、有序。

9.1.10.14 专业班（组）和运行现场应具有符合实际的直流系统图、直流接线图和直流系统熔断器（直流空气小开关）定值一览表。

9.1.10.15 发电机、主变压器、联络变压器、高压厂用变压器、110kV 及以上线路、母线、旁路等主要设备的保护、控制和信号回路应采用独立供电方式。

9.1.11 通信

9.1.11.1 对通信障碍或重大故障有分析报告和反事故措施。

9.1.11.2 通信设备运行率应达到所在电网的考核要求；复用保护通道非计划停运次数不应超标。

9.1.11.3 应执行了复用保护通信设备及通道的管理规定和安全技术措施；复用保护通信设备及通道应符合运行条件和相关技术标准。

9.1.11.4 电网调度和厂内生产指挥通信系统及其调度台或电话机配置应满足安全生产的要求；调度录音系统应运行可靠，音质应良好。

9.1.11.5 通信设备的主要备品、备件和备盘应齐全，能满足重要电路中断后能及时恢复的需要。

9.1.11.6 应按规定配备了必要的测试仪器、仪表。测试仪器、仪表应完好、准确。

9.1.11.7 有人值班通信机房内主要设备的报警信号，声、光报警装置应正常、可靠；通信电源和无人值守通信机房内主要设备的报警信号，应接到有人昼夜值班的地方。

9.1.11.8 通信电源系统应符合下列要求：

a) 投运时应有单个蓄电池的端电压记录；蓄电池无壳体变形、电解液渗漏、极柱腐蚀等缺陷。

b) 应有投运前蓄电池核对性放电或全容量放电试验记录，确定放电容量能否达到规定值；试验后应按规定进行均衡充电。

c) 确认充电装置（限指高频开关电源）运行工况应正常，交流备用电流能自动投入。

d) 所有通信调度供电电源应全部为独立的分路开关或熔断器。为主网同一线路提供两套保护复用通道的通信设备（含接口）应由两个相互独立的通信直流电源分别供电。

e) 专业班组和运行现场，应具备符合实际的通信电源系统接线图和操作说明。

9.1.11.9 通信站防雷应符合下列要求：

a) 通信机房内所有设备的金属外壳、金属框架、各种电缆的金属外皮以及其他金属构件，应良好接地；采用螺栓连接的部位应采取防止松动和锈蚀措施；机房均压接地网及设备接地线截面积应合格，接地点对应的墙下，有"接地点引入"标志。第一年雨季前应对接地设施进行检查和维护，接地电阻应合格。

b) 户外通信电缆、电力电缆、塔灯电缆以及其他电缆进入通信机房前应已经水平直埋 10m 以上，若为电缆沟则应用屏蔽层电缆且电缆屏蔽层两端接地，非屏蔽电缆应已经穿镀锌铁管水平直埋 10m 以上；铁管两端应接地；非屏蔽塔灯电缆应全部穿金属管；金属管与塔身应两端连接；微波馈线电缆应在塔上部、中部、进机房前和塔身可靠连接。

c) 进入机房的通信电缆应首先接入保安配线架（箱），保安配线架（箱）性能、接地应良好；引至厂区外的通信电缆空线应在配线等接地。

d) 通信机房配电屏或整流器入端三相对地应装有氧化锌避雷器（箱），并且性能良好。

e) 通信直流电源"正极"在电源设备侧和通信设备侧应良好接地；"负极"在电源机房侧和通信机房侧应接有压敏电阻。

f) 通信站防雷接地网、室内均压网、屏蔽网等施工材料、规格及施工工艺应符合要求；焊接点应进行防腐处理；接地系统隐蔽工程设计资料、记录及重点部位照片应齐全。

9.1.11.10 保安措施应符合下列要求：

a) 通信机房（含电源机房和蓄电池室）应有良好的保护环境控制设施，防止灰尘和不良气体进入，全年室温保持在 15～30℃之间。

b) 通信机房（含电源机房和蓄电池室）应能够保证可靠的工作照明和事故照明。

c) 通信机房（含电缆竖井）应具备防火、防小动物侵入的安全措施。

d) 通信设备机架应牢固固定，有可靠的防震措施。

e) 运行设备及主要辅助设备应标有规范、清晰的标志牌；复用保护的设备、部件和接线端子应采用与其他设备不同的显著标志牌，并注明复用保护的线路名称和类型。

9.1.11.11 下列通信技术资料应齐全、规范：

a) 设备说明书，原理图。

b) 通信系统接线图。

c) 电源系统接线图及操作说明。

d) 配线表。

e) 检修测试记录。

f) 设备竣工验收资料。

9.1.12 安全自动装置

9.1.12.1 安控检验记录、报告，核查安控检验项目应完整，重点核查安控系统联调工作开展情况。

9.1.12.2 安控装置软件版本管理配套文件、实施细则、流程、记录。

9.1.12.3 继电保护和安全自动装置软件版本管理记录、软件升级及验证管理记录完善。

9.1.12.4 应有安控系统设备台账，台账记录应完整、准确，更新应及时。

9.1.12.5 安控系统应编册建档，各安控系统涉及的系统结构应完整，安控装置与调度命名应明确，安控装置的逻辑功能应完备，各安控系统方式定义应清晰，各安控系统的运行管理、故障处理与典型操作令应有明确规范。

9.1.12.6 安控与解列装置运行管理按照规定执行。

9.1.12.7 安控与解列装置定值单执行记录，现场打印定值单与下达定值单一致。

9.1.12.8 安控与解列装置压板投退情况与记录清晰。

9.1.12.9 电力监控系统设备运行环境应满足要求。

9.1.12.10 路由器、交换机、光电转换装置等设备无运行异常报警或故障。

9.1.12.11 网络设备供电电源应可靠。省调接入网、网调/地调接入网设备应来自两路独立的UPS供电，或每套接入网设备的两个电源模块应来自两路独立的UPS供电。

9.1.12.12 检查设备屏体及设备接地措施落实情况。所有数据网设备屏体及数据网设备应与站内接地网可靠连接，且接地电阻满足规程要求（小于或等于 0.5Ω）。

9.1.12.13 检查通信传输设备至调度数据网络设备间的 2Mbit/s 电缆应与强电线缆分离布放。

9.1.12.14 电厂电力监控系统安全防护应满足国家相关法规文件和电网调控机构的相关要求。

9.1.12.15 电厂电力监控系统安全防护设备应投入正常、带策略运行，并接入内网监控平台。

9.1.12.16 调度管理信息网络（安全Ⅲ区）应部署防病毒软件和桌面终端，病毒库应定期升级等。

9.1.12.17 时间同步系统应符合 GB/T 36050《电力系统时间同步基本规定》，能够采用 GPS、北斗对时系统双机冗余配置。

9.1.12.18 电厂监控系统、测控装置、PMU、故障录波等设备时间应统一。

9.1.12.19 电厂到相关调控机构的自动化通信通道应具备两路以上的独立通道，采用主备方式工作的双通道之间应可靠切换，应保证信息不因单通道运行而丢失。

9.1.12.20 调度数据网的通信通道应原则上采用电力专用通信网，优先选用光通信电路，形成物理路由不重合的迂回电路，核查省、地调度数据网通道应存在单点故障影响业务的问题。

9.2 评 价 程 序

9.2.1 发电企业自我查评程序

9.2.1.1 成立查评组：由生产副厂长或总工程师任组长，按专业分为若干小组，负责具体查评工作。

9.2.1.2 层层分解评价项目：落实责任制，部门、科室（处）和各班组将评价项目层层分解，明确各自应查评的项目、依据、标准和方法。

9.2.1.3 部门班组进行自查：发现问题登记在"可靠性评价检查发现问题及整改措施表"上，部门汇总后上报。一般部门班组自查不要求打分。

9.2.1.4 分专业开展查评活动：查评组分专业在车间班组查评的基础上查评各专业的安全隐患，提出专业查评小结和可靠性评价发现主要问题、整改建议及分项结果。

9.2.2 专家查评程序

9.2.2.1 专家评价由完成自评价的发电企业向上级单位提出申请，上级单位组织专家或委托中介机构实施。

9.2.2.2 可靠性评价专家组到达电厂后，被评单位应召开有自查专业组成员和全厂技术骨干参加的查评首次会，汇报自查情况，分别介绍专家组人员和被评单位专业联络员，使双方对应专业人员相识并建立联系。

9.2.2.3 专家组通过一段时间的现场查看、询问、检查、核实，与发电企业领导和专业管理人员交换意见，完成专家查评工作。

9.2.2.4 查评工作结束后，专家组应向上级单位和被评价发电企业提交书面评价报告，评价报告包括总体情况、主要问题和整改建议。

9.2.3 整改程序

9.2.3.1 发电单位在进行可靠性评价后，应立即根据可靠性评价报告组织有关部门制定整改计划，整改计划必须明确整改内容、整改措施、整改完成时限、工作负责人和验收人。部门整改计划应由部门负责人审查批准，全厂整改计划应由厂主管领导审查批准。全厂整改计划应上报上级主管部门。

9.2.3.2 各单位应定期检查和督促各部门整改计划完成情况，对未完成和整改效果不好的部门应进行考核。

9.2.3.3 各单位应在整改年度中期和年末，对本单位可靠性评价整改计划完成情况进行总结，及时提出意见和建议。对未完成整改的项目和已完成的重点整改项目进行风险评估，必要时应修改整改计划，实行闭环管理。

9.2.3.4 各单位应将可靠性评价整改计划和年度总结上报上级主管部门。

9.3　评　价　方　法

9.3.1 严格按照查评依据进行查评。

9.3.2 各种查证方法配合应用。

9.3.3 要综合运用多种方法，如现场检查、查阅和分析资料、现场考问、实物检查或抽样检查、仪表指示观测和分析、调查和询问、现场试验或测试等，对评价项目做出全面、准确的评价。

9.4　可 靠 性 评 价 标 准 表

可靠性评价标准表参见附录 F。

附　录　A
（资料性附录）
集团公司各级责任主体职责

A.1　集团公司火电专业管理部门

A.1.1　是新建火电机组电气二次可靠性工作的归口管理部门。

A.1.2　负责制定本导则，并对本导则的实施进行指导、监督、检查及协调。

A.1.3　负责发布集团公司系统提高新建火电机组电气二次可靠性工作的管理信息。

A.1.4　负责总结分析集团公司系统提高新建火电机组电气二次可靠性工作的实施情况，提出改进本导则的意见。

A.2　二级单位

A.2.1　负责指导、督促所属单位贯彻落实本导则的相关要求及实施过程中进行指导、监督、检查及协调。

A.2.2　负责查找所属项目提高新建火电机组电气二次可靠性工作中存在的问题，提出改进意见和措施并组织落实。

A.3　工程建设服务平台

A.3.1　负责跟踪国内外电气二次技术的发展，负责对提高电气二次可靠性的先进技术和设备的学习、吸收、引进、科研创新及应用推广。

A.3.2　负责收集、分析、总结集团公司系统内相关信息，做好良好实践和事故事件的经验反馈工作。

A.3.3　负责开展工程建设期间电气二次可靠性专项评估及机组投产后电气二次可靠性综合评价工作，提出评估或评价意见和建议，并报送项目公司、二级单位及集团公司火电部。

A.3.4　为集团公司火电部提供各类技术支持，组织对重大技术问题进行科研攻关。

A.4　项目公司

A.4.1　是集团公司提高新机组电气二次可靠性工作的责任主体。

A.4.2　负责按照本导则要求，全面策划、组织、落实、提高新建火电机组电气二次可靠性工作。

A.4.3　负责制定项目的工作目标，成立专门组织机构，开展各项工作，协调解决各类问题。

A.4.4　负责在项目投产后，对提高机组电气二次可靠性工作进行总结，总结报告报集团公司火电部和主管二级单位。

A.5　工程建设委托管理单位

A.5.1　负责提高新建火电机组电气二次可靠性工作的日常组织和协调工作，按照国家及行业的相关技术规范、标准、验收规程以及本导则管理要求进行工程管理。

A.5.2　负责制定工程建设阶段提高机组电气二次可靠性相关管理制度。

A.5.3　负责组织分析提高电气二次可靠性工作中存在的问题分析，提出改进意见和措施，并落实整改。

A.5.4　无工程建设委托管理单位建设管理的火电工程，由项目公司履行相关职责。

附 录 B
（资料性附录）
2V 阀控密封铅酸蓄电池测试记录表

站名：　　　　　　　　　测试单位：　　　　　　　　　测试人：

电池型号：				生产厂家：					
环境温度（℃）				生产日期：					
全电池浮充电压（V）				全电池个数					
电池电压标准（V）				充电电流（A）					
时间									
序号	电压	序号	电压	序号	电压	序号	电压	序号	电压
1		12		23		34		45	
2		13		24		35		46	
3		14		25		36		47	
4		15		26		37		48	
5		16		27		38		49	
6		17		28		39		50	
7		18		29		40		51	
8		19		30		41		52	
9		20		31		42			
10		21		32		43			
11		22		33		44			
时间									
1		12		23		34		45	
2		13		24		35		46	
3		14		25		36		47	
4		15		26		37		48	
5		16		27		38		49	
6		17		28		39		50	
7		18		29		40		51	
8		19		30		41		52	
9		20		31		42			
10		21		32		43			
11		22		33		44			
测试结果及发现问题：									
测试日期：				审核人：					

附 录 C

（资料性附录）

1000MW 电厂保护定值配置

C.1 系统保护配置原则

C.1.1 500kV 线路保护

a) 500kV 线路应配置两套全线速动主保护，并且应分别带有完整的后备保护功能。两套主保护的交流电流、电压回路、直流电源、跳闸回路及信号传输通道彼此独立。

b) 主保护整组动作时间不大于 20ms（不包括通道传输时间）；返回时间不大于 30ms（从故障切除到保护出口接点返回）。

c) 被保护线路在空载、轻载、满载工况条件下，发生金属性和非金属性各种故障，包括单相接地、多相接地、相间短路、复合故障及转换性故障，线路保护应正确动作。在接地故障电阻不大于 300Ω 时，保护应可靠地动作于跳闸。

d) 线路保护应能适应于 TPY 型铁芯特性的电流互感器和安装于线路侧的电容式电压互感器。

e) 线路保护应能适应于一个半断路器接线方式，并满足各种运行方式要求。

C.1.2 500kV 自动重合闸

一个半断路器接线重合闸按断路器装设，由线路主保护及瞬时动作段保护跳闸接点或断路器位置不对应方式启动。重合闸通过选择断路器应能实现单重、三重、停用方式。重合闸装置的先后重合顺序应有灵活性，当先合闸的断路器重合于故障时，应三相跳闸并闭锁后重合闸的断路器的重合。

C.1.3 500kV 断路器失灵保护及三相不一致保护

断路器失灵保护及三相不一致保护按断路器配置。失灵保护采用分相启动回路，每相的启动回路由能瞬时复归的保护出口接点与能快速返回的反应断路器仍有电流的相电流判别元件的接点构成。失灵保护动作后，瞬时按相再跳本线路断路器，延时三相跳开相关的断路器，并通过远方跳闸跳开线路对侧断路器。

三相不一致保护由断路器三相不一致接点加零序电流闭锁接点构成。

C.1.4 500kV 短引线保护

一个半断路器接线方式下，线路侧和主变压器高压侧均设有隔离开关的一次系统主接线，在线路或主变压器有关的两个断路器之间分别应配置双套短引线保护，在线路或主变压器退出运行时投入。其直流电源应与线路或主变压器保护分开。

短引线保护由分相电流差动原理构成，具有时间可调（最快为零）逻辑，以备在系统调试及特殊方式下作为过流保护。

C.1.5 500kV 远方跳闸

500kV 线路配置双套远方跳闸装置。采用一取一加就地判据逻辑执行跳闸命令。

C.1.6 500kV 过电压保护

根据系统工频过电压的要求，500kV 线路应装设过电压保护，双重化配置。过电压保护按相装设，以保证单相跳开时测量电压的准确性。过电压保护跳闸命令采用远跳通道跳开对侧断路器。

过电压保护考虑由线路保护装置或远跳就地判断装置中过电压保护功能代替。

C.1.7 500kV 母线保护

一个半断路器接线每组母线宜装设两套母线保护，母线保护出口回路不经电压闭锁接点控制。

母线保护动作时间应小于 30ms。母线保护应不受 CT 饱和、系统故障时过渡过程的影响，且适用于各连接元件 CT 变比不同的情况。

C.1.8 元件保护配置

保护装置的装设原则按照现行规程执行。

发电机-变压器组按双套主、后备保护和一套非电量保护配置。主要配有：发电机差动保护，发电机定子接地保护，发电机定子绕组匝间短路保护，定子绕组对称过负荷保护，定子绕组不对称过负荷保护，过励磁保护，低励失磁保护，逆功率保护，发电机失步保护，发电机过电压保护，低频保护，转子一点、二点接地保护，发电机断水保护，突然加电压保护，程序跳闸逆功率保护，启停机保护；主变压器差动保护、阻抗保护、主变压器零序过流保护、主变压器零序过压保护、主变压器过励磁保护、断口闪络保护、主变压器非电量保护；高压厂用变压器差动保护、高压厂用变压器复合电压过流保护及分支复合电压过流保护、高压厂用变压器非电量保护；励磁变压器速断过流保护、过负荷保护；断路器失灵启动、非全相保护等。

高压启动/备用变压器按双套主、后备保护和单套非电量保护配置。主要配有变压器差动保护、变压器复合电压过流保护、变压器零序电流电压保护、断路器非全相保护、变压器过负荷及分支过流、变压器非电量保护等。

低压厂用变压器保护配置包括：速断、过电流、高压侧接地保护、低压侧零序保护等。

发电机-变压器组、高压启动/备用变压器、高压厂用变压器的保护选用微机型成套保护装置，组屏布置在继电器室内。低压厂用变压器，以及高、低压厂用电动机的保护选用微机型综合保护装置，装设在相应的开关柜上。根据规程规定及运行方式，设置相关保护出口方式。

C.1.9 自动装置

发电机-变压器组自动准同期及自动励磁调节均由自动装置实现。自动准同期装置（ASS）及自动励磁调节装置（AVR），与 DCS 以通信及硬接线方式联络。

按照厂用电接线方式，选用专用快速切换装置，具有切换时间短、切换时机准确的优点。根据厂用电接线，每台机组配置的快切装置应互为备用，更好地实现备用电源和工作电源的无扰动切换。

具有明备用的低压厂用电源，为了保证事故时及时切换，均装设备用电源自动投入装置。

C.1.10 故障录波

故障录波器应能记录故障前后直到故障消除的电气量波形和故障过程保护动作开关量信息。应能连续记录多次故障，具有数据储存和远传功能。

C.1.11 保护及故障信息管理系统

保护及故障信息管理子站，应能实现运行和调度部门对厂站保护设备、故障录波实时数据信息的收集与处理，进行电力系统事故分析、设备管理维护及系统信息管理。保护及故障信息管理系统子站配置应满足网调、省调"反措"实施细则要求。

C.1.12 功角测量系统

功角测量系统应能准确地测量发电机转子角度、转速以及电气量信息，在线连续不断地实时监测、记录交流电流、电压的幅值和相量、直流量幅值、频率、发电机内电动势等系统工况，并具有当地显示功能。使调度运行人员能够提高对电力系统的动态稳定检测和分析能力，并最终实现动态安全稳定控制。

C.2 系统调度自动化

C.2.1 调度自动化功能

a) 电厂的运行状态实时信息可靠地传送到有关调度部门。

b) 可靠接收并执行调度部门通过调度自动化系统下达的控制命令。

c) 完成调度部门通过调度自动化系统给定的系统频率和有功功率的自动调整。

d) 完成调度部门通过调度自动化系统给定的电压和无功功率的自动调整。

e) 执行调度部门的经济调度运行要求。

C.3 远动信息内容

根据电力系统调度自动化设计技术规程 DL/T 5003 和网、省调调度自动化系统对远动信息的要求，所需的远动信息如下。

C.3.1 遥测量

a) 发电机有功、无功功率、电流、电压、频率。

b) 主变压器高压侧有功功率和无功功率、电流。

c) 500kV 线路有功、无功功率、电流、电压。

d) 启动/备用变压器 220kV 侧有功、无功功率、电流。

e) 高压厂用变压器有功功率和无功功率、电流。

f) 发电机组允许的有功无功上下限值。

g) 发电机组当前调节速率。

h) 发电机组允许负荷变化率。

i) 发电机组有功功率返回值。

j) 500kV 母线电压；500kV 母线频率。

k) 脱硫装置投运率；脱硫效率；脱硫装置用电功率；进/出口二氧化硫浓度、流量；进/出口含氧浓度、流量；进出口氮氧化合物浓度、流量；进出口烟尘浓度、流量。

C.3.2 遥信量

a) 500kV 所有断路器位置信号。

b) 500kV 线路继电保护动作信号；母线保护动作信号。

c) 500kV 隔离开关、接地开关信号；主变压器中性点接地开关信号。

d) 机组 AGC、AVC 远方/本地控制方式等信号。

e) 发电机组出力越限告警。

f) 脱硫装置投/退信号；脱硫系统用料投/退信号。

C.3.3 遥控量和遥调量

a) 发电机组功率调节（AO）；无功电压调节（AO）。

b) 机组 AGC 投入/退出控制（DO）。

C.4 自动发电控制

根据电厂的建设规模，电厂投入运行后，应参加所在地调度机构的自动发电控制（AGC）。

调度对电厂的 AGC 控制系统由调度端计算机、远动通道、厂内远动系统和执行装置构成，与调度端的调度自动化系统构成闭环控制调节系统。

调度中心对电厂的 AGC 控制输出采用设定值控制信号方式，即由省调的调度自动化主站系统将发电机出力的设定值经 RTU 下达到电厂各机组的机炉协调控制装置，再由该装置按出力调整的要求进行发电机出力的自动调整。

C.5 电力调度专用数据网

根据国家有关文件要求，电力生产调度信息应由独立的专用网络来交换和传输。电厂的各实时信息系统应接入调度专用数据网络，以满足信息传输过程中的可靠性和安全性。

调度专用网络是一个独立的 IP 网络，与其他网络进行物理上的隔离。根据国家有关监控系统安全防护规定的要求，为确保电网安全稳定运行，接入电网的厂站在应用系统的建设中应根据"安全分区、网络专用、横向隔离、纵向防护、突出重点、联合防护"的总体安全防护策略，对具有实时控制功能的电力监控系统及电力调度数据网络（SPDnet）接入设备采取相应的安全防护措施。

C.5.1 安全区划分

应按照生产和管理的四个安全分区配置安全防护设备，以保证生产、管理系统及调度端应用系统的物理和逻辑安全。根据安全区划分，Ⅰ区系统有：电站监控系统（含电气控制、辅机控制系统等）、继电保护系统、安全自动控制系统、远动系统；Ⅱ区系统有：电量计费系统、电力市场竞价系统、故障录波系统等。

C.5.1.1 安全区之间横向隔离要求如下：

a) 安全区Ⅰ和安全区Ⅱ之间须采用经有关部门认定核准的硬件防火墙进行逻辑隔离。

b) 安全区Ⅰ、Ⅱ不得与安全区Ⅳ直接联系；安全区Ⅰ、Ⅱ与安全区Ⅲ之间应该采用经过国家有关部门认证的电力专用单向安全隔离装置。

C.5.1.2 纵向安全防护要求如下：

a) 安全区Ⅰ、Ⅱ连接的广域网为电力调度数据网；安全区Ⅲ、Ⅳ连接的广域网为电力企业数据网。

b) 电力调度数据网应划分为逻辑隔离的实时子网和非实时子网，分别连接实时控制区和非控制生产区。

c) 在安全区Ⅰ和安全区Ⅱ纵向与广域网的交接处应逐步采取相应的安全隔离、加密、认证等防护措施。

C.6　电厂时钟同步系统

随着电力控制系统自动化的提高，系统对时间统一的要求越来越迫切，对时间的同步精度也越来越高。如各自系统的需求独立配置时钟，由于时钟本身存在的误差和不同步，给系统的控制和事故分析带来了诸多困难。根据目前时间同步系统的发展和有关厂站端时间同步的要求，电厂端应配置一套时钟同步系统，为各应用系统提供统一的时间。时间同步系统包括主时钟和时钟扩展装置。在集控楼设置主时钟屏包括两台一级主时钟，各自独立接收卫星信号作为系统的基准参考源，同时其也支持与时间同步系统联网获取网络时钟。

两台主时钟互为备用，分别提供一路时间信号给各台信号扩展装置。每台信号扩展装置均能同时输入两路时间参考信号，正常运行时以第一路为基准，当第一路故障时可立即自动切换至第二路输入。

信号扩展装置屏按应用系统位置分布布置，与主时钟屏之间采用光缆连接。各屏内根据应用系统需求配置相应数量的时间信号扩展装置。

C.7　浪涌保护系统

雷电灾害是一种严重的自然灾害。随着计算机和网络通信技术的广泛应用，雷电灾害对其造成的威胁越来越大。每年都发生多起雷击计算机、通信设施而造成停工停产及网络中断的事故，严重影响了人们的正常工作和生活。

电厂包含众多复杂的计算机控制系统，将对电厂安全可靠运行起到至关重要的作用。为了保证电厂正常运行，各应用系统电源供电端配置浪涌保护器和在通信通道处加装防雷保护器等。

附 录 D

（资料性附录）

工程调试质量检验评定表

D.1 工程机组分系统调整试运质量检验评定表（高压厂用电）见表 D.1。

表 D.1　工程

机组分系统调整试运质量检验评定表

（高压厂用电）

第×页　共×页

分项名称				高压厂用电			验评等级	三级
工程编号				验标编号			性　质	一般
序号	检验项目	性质	单位	质量标准		质量检验结果	评定等级	
				合格	优良		自评	核定
1	开关保护动作正确率	主要	%	100				
2	电压互感器			无异常				
3	所有表计			指示灵活、准确				
4	手车开关	主要		进出灵活、可靠，无卡涩，二次连接接触良好				
5	分、合闸标示			明显、准确				
6	电动机	主要		满足负荷要求				
7	事故照明			可靠投入				

分系统总评	共检验主要项目_____个，其中优良_____个；一般项目_____个，其中优良_____个，全部检验项目的优良率为_____%，分系统质量等级_____。

验收检查组：　　　　　　　　调试专业负责人：　　　　　　　　调试执行人：

年　　月　　日填

D.2 工程机组分系统调整试运质量检验评定表（柴油发电机组）见表 D.2。

**表 D.2 工程
机组分系统调整试运质量检验评定表
（柴油发电机组）**

第×页 共×页

分项名称		柴油发电机组					验评等级		四级
工程编号				验标编号			性　质		主要
序号	检验项目	性质	单位	质量标准		质量检验结果		评定等级	
				合格	优良			自评	核定
1	供油系统			供油正常					
2	机组试运			无振动、无异常					
3	绝缘电阻			符合设计要求					
4	控制屏电气测量仪表			工作正常					
5	保护装置投入率	主要	%	100					
6	保护装置	主要		动作正确					
7	自启动时间	主要		符合设计要求					
8	从自启动至带额定负荷的时间			符合设计要求					
9	从自启动到带额定负荷的状态			启动及切换正确、平稳					
分系统总评	共检验主要项目_____个，其中优良_____个；一般项目_____个，其中优良_____个，全部检验项目的优良率为_____%，分系统质量等级_____。								

验收检查组：　　　　　调试专业负责人：　　　　　调试执行人：

年　　月　　日填

D.3 工程机组分系统调整试运质量检验评定表（发电机-变压器组继电保护静态调试）见表 D.3。

表 D.3 工程
机组分系统调整试运质量检验评定表
（发电机-变压器组继电保护静态调试）

第×页　共×页

分项名称		发电机-变压器组继电保护静态调试					验评等级		三级
工程编号				验标编号			性　质		一般

序号	检验项目	性质	单位	质量标准		质量检验结果	评定等级	
				合格	优良		自评	核定
1	二次交流回路接线	主要		正确				
2	保护元件调整试验	主要		符合设计要求				
3	保护直流回路传动试验	主要		符合设计要求				
4	二次交流回路加电检查	主要		正常				
5	发电机-变压器组保护装置	主要		动作正确				

分系统总评	共检验主要项目_____个，其中优良_____个；一般项目_____个，其中优良_____个，全部检验项目的优良率为_____%，分系统质量等级_____。

验收检查组：　　　　　　调试专业负责人：　　　　　　调试执行人：
年　　月　　日填

64

D.4 工程机组分系统调整试运质量检验评定表（励磁系统静态试验）见表 D.4。

表 D.4 工程
机组分系统调整试运质量检验评定表
（励磁系统静态试验）

第×页　共×页

分项名称		励磁系统静态试验					验评等级		三级
工程编号			验标编号				性　质		一般
序号	检验项目	性质	单位	质量标准		质量检验结果		评定等级	
				合格	优良			自评	核定
1	一次系统设备试验	主要		符合设计要求					
2	励磁调节器及整流器的控制、保护、监视系统试验	主要		正常					
3	开环模拟试验	主要		正常					

分系统总评：
共检验主要项目＿＿＿＿个，其中优良＿＿＿＿个；一般项目＿＿＿＿个，其中优良＿＿＿＿个，全部检验项目的优良率为＿＿＿＿%，分系统质量等级＿＿＿＿。

验收检查组：　　　　调试专业负责人：　　　　调试执行人：

年　月　日填

65

D.5 工程机组空负荷调试质量检验评定表（发电机三相短路试验）见表 D.5。

表 D.5　工程
空负荷整套调试质量检验评定表
（发电机三相短路试验）

第×页　共×页

分项名称	发电机三相短路试验						验评等级		四级
工程编号			验标编号				性　　质		主要

序号	检验项目	性质	单位	质量标准		质量检验结果		评定等级	
				合格	优良			自评	核定
1	调节励磁试验通道			正常					
2	发电机二次电流回路初查（小电流）	主要		不开路					
3	励磁系统初查（小电流）			正常					
4	发电机短路特性	主要		符合设计要求					
5	发电机检查（额定电流下）	主要		符合设计要求					
6	发电机差动保护接线动作值	主要		正确					
7	调节器定子电流采集及励磁电流采集			正常					

分项总评	共检验主要项目_____个，其中优良_____个；一般项目_____个，其中优良_____个，全部检验项目的优良率为_____%，分项工程等级_____。

验收检查组：　　　　　　　　调试专业负责人：　　　　　　　　调试执行人：

年　　月　　日填

66

D.6 工程空负荷整套调试质量检验评定表（发电机同期系统检查及试验）见表D.6。

表 D.6   工程

空负荷整套调试质量检验评定表

（发电机同期系统检查及试验）

第×页   共×页

分项名称	发电机同期系统检查及试验						验评等级	三级	
工程编号			验标编号				性 质	一般	
序号	检验项目	性质	单位	质量标准		质量检验结果		评定等级	
				合格	优良			自评	核定
1	自动同期装置调试	主要		正常					
2	同期系统通电检查试验	主要		符合设计要求					
3	发电机带高压母线复查同期系统（零升至额定电压）			电压、相序、相位应一致					
4	发电机各同期点的假同期试验（手动/自动）	主要		自动调压和自动调速方向与同期表、同期灯指示相符					
5	发电机自动并列			发电机同期装置与同步表、同步灯指示相一致					
6	发电机手动并列			发电机同期装置与同步表、同步灯指示相一致					
分项总评	共检验主要项目_____个，其中优良_____个；一般项目_____个，其中优良_____个，全部检验项目的优良率为_____%，分项工程等级_____。								

验收检查组：   调试专业负责人：   调试执行人：

年   月   日填

67

D.7 工程空负荷整套调试质量检验评定表（发电机空载特性试验）见表 D.7。

表 D.7　工程
空负荷整套调试质量检验评定表
（发电机空载特性试验）

第×页　共×页

分项名称	发电机空载特性试验						验评等级	四级	
工程编号				验标编号			性　质	主要	
序号	检验项目	性质	单位	质量标准		质量检验结果		评定等级	
				合格	优良			自评	核定
1	发电机电压回路/励磁变压器保护			接线正确，符合设计要求					
2	发电机出口电压互感器开口三角上的不平衡电压	主要		符合设计要求					
3	发电机电压			符合设计要求					
4	发电机相序			符合设计要求					
5	发电机保护装置校验（空载额定电压）	主要		动作正确					
6	发电机电压互感器断线闭锁装置			动作正确					
7	发电机定子接地、过励磁、阻抗、失步、逆功率、失磁、低频、过频等保护装置	主要		符合设计要求					
8	额定电压下轴电压			符合设计要求					
9	发电机空载特性	主要		特性曲线符合设计要求					
10	发电机空载灭磁时间常数			符合设计要求					
11	发电机空载灭磁后定子绕组的残压和相序			符合设计要求					

分项总评	共检验主要项目_____个，其中优良_____个；一般项目_____个，其中优良_____个，全部检验项目的优良率为_____%，分项工程等级_____。

验收检查组：　　　　　调试专业负责人：　　　　　调试执行人：

年　　月　　日填

68

D.8 工程带负荷整套调试质量检验评定表（发电机-变压器组保护装置带负荷试验）见表 D.8。

表 D.8 工程

带负荷整套调试质量检验评定表

（发电机-变压器组保护装置带负荷试验）

第×页 共×页

分项名称	发电机-变压器组保护装置带负荷试验						验评等级		三级
工程编号			验标编号				性 质		一般
序号	检验项目	性质	单位	质量标准		质量检验结果		评定等级	
				合格	优良			自评	核定
1	发电机差动保护	主要		接线正确，差压、差流符合规程要求					
2	主变压器差动保护	主要		符合规程要求					
3	发电机-变压器组差动保护	主要		符合规程要求					
4	发电机失磁保护	主要		动作正确					
5	发电机阻抗保护			符合规程要求					
6	逆功率保护			符合规程要求					
7	母差保护			符合规程要求					
8	继电保护装置			符合规程要求					
9	发电机轴电压测量			符合设计要求					

分项总评 共检验主要项目_____个，其中优良_____个；一般项目_____个，其中优良_____个，全部检验项目的优良率为_____%，分项工程等级_____。

验收检查组： 调试专业负责人： 调试执行人：

年 月 日填

69

D.9 工程带负荷整套调试质量检验评定表（发电机励磁电压自动调整带负荷试验）见表 D.9。

表 **D.9** 工程

带负荷整套调试质量检验评定表

（发电机励磁电压自动调整带负荷试验）

第×页　共×页

分项名称	发电机励磁电压自动调整（ＡＶＲ）带负荷试验						验评等级	三级
工程编号			验标编号				性　质	一般

序号	检验项目	性质	单位	质量标准		质量检验结果	评定等级	
				合格	优良		自评	核定
1	自动通道工作，晶闸管输出特性	主要		符合设计要求				
2	手动通道带负荷特性			符合设计要求				
3	自动向手动通道切换	主要		符合设计要求				
4	手动向自动通道切换			符合设计要求				
5	改变调节器输入信号（发电机电流）时，有功、无功量变化	主要		符合设计要求				
6	过/低励限制	主要		符合设计要求				
7	功角限制			符合设计要求				
8	工作励磁和备用励磁相互切换试验	主要		正常				

分项总评	共检验主要项目_____个，其中优良_____个；一般项目_____个，其中优良_____个，全部检验项目的优良率为_____%，分项工程等级_____。

验收检查组：	调试专业负责人：	调试执行人：
		年　　月　　日填

70

D.10 工程带负荷整套调试质量检验评定表（厂用电源切换试验）见表 D.10。

表 D.10 工程
带负荷整套调试质量检验评定表
（厂用电源切换试验）

第×页 共×页

分项名称		厂用电源切换试验					验评等级	四级
工程编号				验标编号			性　质	主要

序号	检验项目		性质	单位	质量标准		质量检验结果	评定等级	
					合格	优良		自评	核定
1	电源切换		主要		动作、信号、设备无异常现象				
2	装置快切时间		主要		符合定值				
3	电压电流				无明显冲击				
4	试验前角差				符合设计要求				
5	试验角差变化	切换前			符合设计要求				
6		切换中			符合设计要求				
7	断流时间			ms	72.5～92.5				
8	快速同期继电器校验				符合设计要求				

分项总评	共检验主要项目_____个，其中优良_____个；一般项目_____个，其中优良_____个，全部检验项目的优良率为_____%，分项工程等级_____。

验收检查组：　　　　　调试专业负责人：　　　　　调试执行人：

年　　月　　日填

D.11 工程带负荷整套调试质量检验评定表（电气保护装置试验）见表 D.11。

表 D.11 工程

带负荷整套调试质量检验评定表

（电气保护装置试验）

第×页 共×页

分项名称	电气保护装置试验						验评等级	四级
工程编号			验标编号				性 质	主要

序号	检验项目		性质	单位	质量标准		质量检验结果	评定等级	
					合格	优良		自评	核定
1	电气测量仪表				指示准确	额定值有标志，指示准确			
2	继电保护装置		主要		有误动不影响整套试运	无动作			
3	差动保护装置	查电压	主要		符合规程要求				
4		不平衡电流							

分项总评	共检验主要项目＿＿＿＿个，其中优良＿＿＿＿个；一般项目＿＿＿＿个，其中优良＿＿＿＿个，全部检验项目的优良率为＿＿＿＿％，分项工程等级＿＿＿＿级。

验收检查组：　　　　　　　调试专业负责人：　　　　　　　调试执行人：

年　月　日填

72

D.12 工程带负荷整套调试质量检验评定表（电气试运）见表 D.12。

表 D.12 工程

机组满负荷整套调试质量检验评定表

（电气试运）

分项名称	电气试运						验评等级	三级
工程编号			验标编号				性 质	一般

序号	检验项目	性质	单位	质量标准		质量检验结果	评定等级	
				合格	优良		自评	核定
1	电气测量仪表			指示正确				
2	继电保护及自动装置	主要		动作正确				
3	电气一次设备	主要		动作正确				

分项总评	共检验主要项目＿＿＿＿＿个，其中优良＿＿＿＿＿个；一般项目＿＿＿＿＿个，其中优良＿＿＿＿＿个，全部检验项目的优良率为＿＿＿＿＿%，分项工程等级＿＿＿＿＿。

验收检查组： 调试专业负责人： 调试执行人：

年 月 日填

附 录 E

（资料性附录）

火电机组电气二次可靠性问题汇编

表 E.1 新建火电机组电气二次可靠性问题的汇总

序号	事件经过	原因分析	处理措施	经验反馈	备注
1	关口电能计量装置无失压报警功能，计量PT断线造成关口计量装置采集电量丢失	关口电能计量装置每半年现场在线检验，频繁检验造成接线盒接线端子接触不牢固	新建火电机组选用关口电能计量装置时，应保证具备失压报警功能，并将报警信号引入发电厂监控系统	电能计量装置必须具备无电失压功能	
2	机组高压辅机变频器控制电源一般有两路，一路为移相变二次油头，另一路为备用回路，与引机组PC段，与一路应互为变频器控制回路。UPS装置经内置UPS装置为变频器电池电压低或性能下降，在内置UPS装置波动后造成UPS输出异常，变频器控制失电跳闸	辅机高压变频器内置UPS装置性能下降	取消变频器内置UPS装置，将第二路控制电源改至机组UPS输出，确保高压辅机变频器控制电源可靠	机组高压辅机变频器控制回路失电将造成高压辅机变频机跳闸	
3	二次检修人员对辅机高压开关柜内保护仪表定期检验，在拆电能表PT二次母线，造成接地短路，母线PT二次开关跳闸	高压开关柜内保护测控装置、变送器、电能表应有二次检修措施；二次检修人员安全意识差	将高压开关柜内保护测控装置、变送器、电能表顶母线与母线之间增加二次开关，其二次开关为两个级差。确保柜内二次检修设备能够有隔断措施，避免带电作业	高压开关柜内保护测控装置、变送器、二次开关、电能表母线电压二次线（经端子排）接至柜顶小母线	
4	某电厂在进行5号循环水泵电动机试运启动时，12A启动保护动作，12A段母线失压（备用电源供电，工作电源基建完成），6kV 1A段、6kV 2A段失去备用电源	一二期高压厂用电系统电流互感器选用不一致（一期5A，二期1A），启动/备用变压器差动保护保护3/4号机组的分支的测量模块应为1A模块。由于循环水泵电动机（3600kW，442A）启动电流大，分支变比缩小了5倍，造成有差流，到启动/备用变压器差动保护误动	完成12A启动/备用变压器和12B启动/备用变压器保护3号机分支（A/B）和4号机的（A/B）电流测量模块的更换工作；相关校验工作	任何保护新电流回路接入后，必须在各项工作完成后进行全校或相关回路校验（未对厂家工作完整性进行核对，定值校验时未检出）；运行中发现"差动断线"报警必须查明原因，及时找到原因予以根除处理（其他设备试运时，短时出现过断线报警）；扩建工程由生产落实的工作，基建必须落实（本次是厂用电倒送电前）要求落实	

74

表 E.1（续）

序号	事件经过	原因分析	处理措施	经验反馈	备注
5	某电厂1号机组B修运维继保人员在做1号发电机出口侧CT二次回路通流试验时，1号主变压器差动保护动作，1号主变压器跳闸，1号机厂用电自动切换至01号高压备用变压器供电	1号发电机检修，1号主变压器运行，做二次回路通流试验（CT负载）未将主变压器通流电流侧接，造成试验时通流回路串入主变压器差动保护电流回路，造成保护误动	制定完善岗位责任制，明确运行设备、主变继电保护等的安全和安全措施，确保运行设备可靠运行；完善检修技术文件（如检修文件包），将相关工作由厂电厂继电保验人员负责，完善检修保护卡片（检修文件包），将相关技术措施编入其中	检修工作前，必须核对图纸，对于涉及运行设备回路必须有安全、技术措施；制定完善检修技术文件（如检修文件包），将相关技术措施和特殊工作先编制安全、技术措施（含组织措施），经按组织程序批准后，再实施	
6	某660MW超超临界机组油泵站就地控制箱控制电源有接地或短路时，控制箱控制电源开关跳闸，会造成引风机、送风机一次风机停运	A引风机油泵站启动回路，从DCS来的启动指令线接地，造成就地控制电源跳闸，油泵停运，A引风机停运	在现有控制回路基础上，再增加一路控制电源，增加控制电源专门为2号油泵控制回路供电，作为紧急备用	重要辅机油站必须设双路电源	
7	送DEH的发电机功率变送器电源及电压回路取自PT的一次线圈独立	送DEH系统的发电机功率变送器电源为一路变送器电源取自PT的一个线圈，一旦发生电压回路取自发电机的误判，电压回路独立异常，则会造成DEH系统动作	对每个变送器增加一个电源控制开关，将变送器的电压回路取自PT的不同二次线圈	设计时应考虑，每个变送器应设置独立电源，电压和电流采用不同的PT或CT	
8	某电厂3号机因组5031断路器跳闸机组跳闸	某电厂3号机组5031断路器操作箱插件故障，5031断路器组跳闸	更换了部分插件	对干扰较大的区域应选用抗干扰能力强的装置	
9	某厂发电机出线罩内CT二次线的尼龙绑扎带老化断裂，电缆位移与发电机出线引线软连接接地，造成击穿短路接地	电缆的尼龙绑扎带因运行时间较长，受环境因素影响，老化导致断裂，致使电缆位移与一次部分碰触磨损，致使击穿放电，一次短路接地	（1）基建期施工中严禁靠近裸露电气一次设备由尼龙绑扎带固定，必要时采取绝缘隔离措施（如PT、CT、通信、数据、感温、光纤等电缆）。（2）基建期对发电机出线罩CT二次线、PT的二次电缆及中性点等内的CT二次电缆、发电机母线CT二次电缆、干变室内线电缆及中性点电缆、开关室内的CT、PT的二次电缆，严禁使用尼龙绑扎的形式进行固定，采取永久固定措施	对新建项目要求，对发电机、母线、开关柜相对应的处理措施，采取永久固定方式	
10	某厂高压厂用变压器油面温度及变压器绕组温度无法正常显示	高压厂用变压器控制箱内未配置温度显示变送器、油面及绕组PT100探头无信号PT100探头温度20mA发错。另外绕组温度（油面温度）显示发错，温度显示不准确	厂家对该设备进行补发并进行安装，另外变压器绕组温度探头应为0℃~160℃，厂家到货都对油面温度及绕组温度探头温度量程为-20℃~140℃，厂家重新补发	应加强设备监造过程中的质量监督，管控，同时加强出厂验收环节管控	

表E.1（续）

序号	事件经过	原因分析	处理措施	经验反馈	备注
11	某厂空气压缩机运行过程中频繁跳闸	（1）空气压缩机内部温度巡检仪直接载在空气压缩机本体控制箱内，温度巡检仪有受空气压缩机控制回路变压器、变压器磁场对巡检仪存在干扰，引起巡检仪误法信号跳闸。（2）接触器合同信号辅点接至就地空气压缩机控制箱跳闸回路，就地空气压缩机控制回路电压为AC 220V；电动机跳闸控制箱辅点，接至综合保护装置内跳闸信号取自综合保护主控制板，其电压等级为AC 24V。两组信号线在一根电缆内，其在在电磁干扰，在过载信号线上感应出11V～28V不等的电压，引起误发信号	（1）将温度巡检仪改为温度继电器。（2）现场增加隔离继电器对两组信号进行电气隔离	加强设备监造过程中的质量监督和管控	
12	某厂在进行保安段电源切换试验时，柴油发电机跳闸，本体控制板上报接地故障	经现场排查，并非接地故障，是由3相电流不平衡产生零序电流，导致跳闸。一方面是由于保安段负荷三相不平衡，另一方面厂家零序保安定值设置小	（1）对保安段用电负荷进行重新分配，使ABC三相负荷均衡。（2）对零序电流定值进行调整（厂家零序定值设置小）	设计过程中应合理分配保安用电负荷；安装、调试过程中必须核对保护定值	
13	某厂直流电源系统中选用交直流两用型快速直流小断路器，实际是交流型	交流电源每个周波有二次过零点，容易断弧，对直流电源的断弧能力差，"反措"要求选用具有直流脱扣功能的直流断路器		设备招标时应明确选用具有自动脱扣功能的直流断路器，加强设备建造及到货后的验收工作	
14	某厂磨煤机润滑油站控制箱因多次发生发热、跳闸	元件接线个别不够紧，某几个端子上有盐蚀物，可能厂家所配控制箱因运输等原因致接线有松动，因安装环境因原因致盐蚀	紧固接线端子，继续运行，待停机后全面清理箱内	要求厂家严格验收（设备招标及接受阶段）投入运行前应由二次专业人员对所有接线进行紧固	
15	某厂发电机-变压器组保护"失磁保护"动作，发电机-变压器组出口关关及MK开关跳闸、汽轮机超速保护动作、汽轮机跳闸、锅炉灭火、机组跳闸、汽轮机主调速门关闭，机组跳闸	经检查，发现A套励磁调节器接口板插件插接不良，造成调节器测磁异常，A套励磁调节器退出运行。因机组励磁调节器与同步信号采集装置共用10ms同环节，装置不判断为调节器内部故障。只会判断为调节器外部故障。在连续检测10个周波调节器退出运行后，工作电源A套调节器测频出错，且日不会切换到备用调节器上，最终导致失磁保护动作，切换到备用调节跳闸	将A套调节器接口板插件插件插接严，保证接触良好，并对两套调节器内部插件进行全面检查、试验	（1）加强检修质量管理，严格执行检修规程和检修文件包。（2）检修时对所有带插件接插件的设备进行检查，保证各插件接触良好	

表 E.1（续）

序号	事 件 经 过	原 因 分 析	处 理 措 施	经 验 反 馈	备注
16	某厂启动 A 真空泵过程中 380V 厂用 PCIIA、PCIIB 段母联 Q820 开关跳闸，380V 厂用 PCIIA 段失电。造成锅炉 A、B、C 给煤机跳闸，A 汽动给水泵前置泵失电跳闸，A 汽动给水泵跳闸，锅炉 RB 保护动作，E、D 磨煤机相继跳闸，锅炉 MFT 动作，跳闸首出为"全炉膛无火"，汽轮机联锁跳，发电机联锁跳，跳闸首出为"锅炉 MFT"，跳闸首出为"程序逆功率"	380V PC 段母联开关过载保护定值整定不合理，是导致母联开关跳闸的直接原因。在 380V PC 段母联开关过载保护定值时未考虑与本段负荷自启动电流相配合，从机组投产至今只是利用机组检修机会对保护装置进行校验，定值进行检查，未对保护定值进行核算	对该母联开关保护定值重新进行计算，并修改保护定值	（1）对其他负荷开关的保护定值进行排查。利用机组检修机会，对所有保护定值重新进行校验，对不合理的保护定值重新设定，查找隐患，避免不安全事件的发生。（2）对全厂继电保护定值进行核算。（3）加强技术培训工作，进一步提高业务水平。（4）严格执行继电保护管理规定，加强定值管理，建立严格的定值计算、复核、审定，执行和保管制度	
17	某厂造成炉水循环泵保护动作，三台炉水循环泵跳闸，锅炉 MFT，汽轮机跳闸，电气逆功率保护动作，发电机解列，厂用电切换正常	由于该发电机电能表不准，影响厂用电率统计，在机组运行中更换电能表并经生产第二种会批准。9 时 00 分，电气仪表班开始第二种工作票，先在端子排上 15 分开始工作，在调换上机端电能表之前，和 DEH 的功率变送器也全部串接在该电流回路中，短接电流回路，但实际还有 3 块到热工 DCS，造成到机组上机的信号全部失去，发电机功率信号瞬间下降至 DEH 的保护切除值（小于 100MW），同下降使 EGV 快速全开，汽轮四级抽汽压力瞬同跌至接近为零，导致给水泵热全开，给水流量迅速下降，汽包水位过低 MFT 动作，机组解列	接线未改设前，禁止采用此方法短接电流回路做相关工作	（1）开展技术培训，尽快熟悉新机组相关系统、设备，坚决杜绝类似情况再次发生。（2）利用检修机会调查图纸，熟悉接线，对共用的回路通过调查并做好记事	
18	某变电站的 W1 线出口，第一次人工 A 相接地短路试验，该变电站录取故障点所故障相电压理应基本为零。但是故障相录取的实际线路 CVT 故障相电压为故障前额定的 40%，线路母线 CVT 二次电压与故障前额定电压的 10%，且残压波形与故障相波形相似。母线 CVT 二次电压与故障前额定，B 相位抬高，相位都有改变，C 相电压升高，正方向保护 A 相相电压在故障后约 10ms 即返回	变电站内多台电压互感器二次中性点各自在开关场保护安装接地后，引到保护室又共用一根小母线，形成电压二次接地的结果	将该变电站和对侧对变电站的互感器二次中性点接地可靠，接地线断开，改为只在控制室将 N600 一点接地	根据 25 项反措要求，电压互感器的二次绕组及回路，必须有一个接地点。公用电压互感器的二次接地点只允许在控制室内有一点接地，为保证接有可能断开的电压互感器的二次绕组或络断器等。已在控制室二次接地的电压互感器二次绕组，宜在开关场将二次线圈一点接地。已在控制室二次接地的电压互感器二次绕组，宜在开关场放电间隙或氧化锌片投入，其击穿电压峰值应大于 $30 \cdot I_{max}$ 伏（I_{max} 为电网侧中性点通过变电站的可能最大接地电流有效值，单位为 kA）	

附　录　F
（资料性附录）
电气二次可靠性评价表

表 F.1　电气二次可靠性评价表

序号	检　查　项　目	检查方法	评　价　标　准
一、	继电保护和安全自动装置可靠性评价标准		
1	继电保护和安全自动装置监督管理		
1.1	组织体系建设		
1.1.1	建立健全技术监督网络，设置专职人，并根据人员变化及时修改完善	查看岗位设置文件	（1）是否建立有监督网络，是否设置有专责人。 （2）人员变化是否及时修订完善。 （3）监督网络是否进行审批
1.1.2	各级岗位职责明确，落实到人		（1）岗位设置职责是否明确。 （2）是否落实到责任人
1.1.3	结合本单位情况，机组投运后制定《继电保护技术监督实施细则》		是否制定结合本单位实际情况的《技术监督实施细则》
1.2	制度与标准		
1.2.1	继电保护监督管理制度 （1）本厂继电保护监督管理制度门类齐全，符合国家、行业及上级主管单位的有关规定和要求。 （2）建立的制度符合本厂实际情况	查看继电保护监督管理制度文件	（1）按实施细则的要求，制定相关制度，制度是否缺项。 （2）制度与国家、行业及上级主管单位的有关规定和要求是否符合。 （3）制度是否符合本单位实际
1.2.2	国家、行业技术标准 （1）保存的技术标准齐全，符合上级单位发布的继电保护标准目录。 （2）收集的标准及时更新	查看标准目录和文件	（1）保存的技术标准是否齐全。 （2）是否符合上级单位发布的继电保护标准目录。 （3）收集的标准要根据国家或行业最新版本及时更新
1.2.3	企业标准 （1）本厂标准符合本厂设备情况，根据国家和行业标准和设备异动情况及时调整。 （2）继电保护及安全自动装置运行维护规程、检修规程；试验仪器仪表使用、操作规程及定期检定规程；继电保护装置投退管理制度、继电保护定值单管理制度符合或严于国家行业标准。 （3）企业标准符合本厂实际，按时修订，并履行审批流程	查看本厂企业标准	（1）企业标准是否符合本厂设备情况，是否根据国家和行业标准及设备异动情况及时调整。 （2）企业制定的规程和制度应符合或严于国家行业标准。 （3）本厂发布制度应履行正确的审批流程
1.3	工作计划		
1.3.1	计划的制定 （1）计划制定时间、依据符合要求。 （2）计划内容应包括：管理制度、技术标准制定或修订计划；定期工作计划；人员培训计划；试验仪器仪表送检计划；自查或检查中发现问题整改计划。 （3）工作会议计划	查看本厂继电保护工作计划	（1）计划制定时间、依据是否符合要求。 （2）计划内容是否全面，应涵盖全部内容。 （3）仪器仪表送检是否按计划进行，是否达到检验标准。 （4）自查或检查中发现问题整改是否及时，是否闭环。 （5）是否定期召开会议，是否有会议纪要
1.3.2	计划的审批和上报 计划的制定符合流程：依据班组工作计划需要，班组或部门编制，继电保护专工审阅修改，继电保护监督负责人审核，生产厂长审批，下发实施。 （2）按时上报	查看计划制定流程及上报记录	（1）计划制定是否符合流程。 （2）上报是否及时，是否审批

表 F.1（续）

序号	检 查 项 目	检查方法	评 价 标 准
1.4	技术资料与档案管理		
1.4.1	建立档案清单，每类资料有编号、存放地点、保存期限	查阅档案清单	档案清单是否符合完整性和连续性
1.4.2	技术资料 （1）各类资料内容齐全、保证其完整性和时间连续性。 （2）及时更新记录。 （3）项目公司在机组投产首次全面检验后，应根据现场检验结果，提供下列资料，并保证与现场一致。 1）二次回路（包括控制及信号回路）原理图。 2）一次设备主接线图及主设备参数。 3）继电保护配置图。 4）继电保护、自动装置及控制屏的端子排图或接线图。 5）继电保护、自动装置的技术说明书或使用说明书、厂家图纸。 6）继电保护及安全自动装置检修文件包或作业指导书。 7）继电保护及安全自动装置的投产试验报告及上一次校验报告。 8）继电保护、安全自动装置及二次回路改动说明。 9）最新年度综合电抗，以及定期校核的原始计算资料。 10）最新继电保护整定（校核）方案、校核报告及定值单。该定值单在资料室存档，检修及运行人员留存	查阅技术资料	（1）各类技术资料内容是否齐全，保持其完整性和连续性。 （2）是否及时更新记录内容。 （3）技术资料是否全面，是否与现场保持一致。 （4）定值单是否齐全，要求资料室存档，检修和运行人员应留存
1.4.3	档案管理 （1）资料按规定储存，专人管理。 （2）资料借阅有登记记录，有过期文件处置记录	查阅档案管理记录	（1）档案管理储存是否符合要求，是否有专人管理。 （2）资料借阅是否有登记，过期文件是否有处置记录
1.5	考核指标		
1.5.1	继电保护和安全自动装置主要考核指标： （1）主系统继电保护及安全自动装置投入率为100%。 （2）全厂继电保护及安全自动装置正确动作率不低于98%。 （3）故障录波装置完好率为100%	查看调试报告及传动试验报告	（1）继电保护和安全自动装置投入率是否达到100%。 （2）继电保护和安全自动装置正确动作率不低于98%。 （3）故障录波装置完好率是否符合要求，是否具有发电机启动试验（空载、短路）录波功能
1.5.2	新投产机组一年内全检完成率为100%	查阅设备检验报告	完成率、合格率是否符合要求
2	继电保护专业内容		
2.1	继电保护和安全自动装置配置		
2.1.1	发电机、主变压器、高压厂用变压器（含高压厂用备用变压器）、母线、断路器失灵、非全相、500kV电抗器和110kV及以上线路保护装置、同期装置、厂用电快切装置等的配置要符合规程及反措的规定	查阅有关台账、图纸、记录、规程等，现场检查	（1）每一设备保护配置是否符合规程要求，任一组件、保护装置的反事故措施是否按要求全面落实。 （2）是否存在严重问题，是否及时进行修订
2.1.2	新建、改扩建工程，继电保护装置和配置的设计是否符合"技术规程"要求，早期投入继电保护装置的配置和设计是否符合"反措"要求： （1）是否按照 GB/T 14285《继电保护和安全自动	对照设计图纸、设备查阅有关台账、记录、规程等，现场核对	（1）新建、改扩建工程，继电保护配置是否符合"技术规程"要求。 （2）早期投入的继电保护装置配置是否符合"技术规程"要求。

序号	检 查 项 目	检查方法	评 价 标 准
2.1.2	装置技术规程》4.2.1 的要求配置发电机匝间短路保护。 （2）是否实现 220kV 及以上电压等级的断路器配置断路器本体的三相位置不一致保护，220kV 及以上电压等级变压器（含发电厂的起动/备用变压器）、高抗等主设备，以及容量在 100MW 及以上的发电机-变压器组微机保护双重化配置。 （3）按照 GB 14285 4.2.19 的要求，对 300MW 及以上机组装设突然加电压保护		（3）600MW 及以上的发电机是否配置"发电机匝间短路保护"。 （4）220kV 及以上电压等级的变压器和 100MW 及以上的发电机-变压器组微机保护是否实现双重化配置。 （5）300MW 及以上的机组是否装设突然加电压保护
2.2	继电保护定值管理		
2.2.1	与电网配合的主设备继电保护定值是否合理，并根据所在电网定期提供的系统阻抗值及时校核定值。并满足电网稳定运行的要求	查看整定计算、电网下发的定值通知单和校核资料	（1）与电网配合的主设备继电保护是否合理。 （2）保护定值校核是否符合要求，是否满足电网稳定运行要求
2.2.2	发电机-变压器组保护定值计算及校核是否符合规程和标准： （1）应按照 DL/T 559《220kV～750kV 电网继电保护装置运行整定规程》、DL/T 584《3kV～110kV 电网继电保护装置运行整定规程》、DL/T 1502《厂用电继电保护整定计算导则》、DL/T 684《大型发电机变压器继电保护整定计算导则》相关要求对本企业发电机变压器保护及厂用电保护的定值进行整定，并根据所在电网定期提供的系统阻抗值及时校核定值。 （2）整定计算发电机定子接地保护时必须根据发电机在带不同负荷的运行工况下基波零序电压和三次谐波电压的实测值数据进行。 （3）应遵循 DL/T 684《大型发电机变压器继电保护整定计算导则》校核定子接地基波 $3U_0$ 保护	查看整定计算和校核资料	（1）检查项目公司发电机变压器及厂用保护的定值整定计算书，并根据系统阻抗值进行核定，是否合理。 （2）定子接地保护是否按照不同负荷下的实测值数据进行。 （3）是否校核定子接地基波 $3U_0$ 保护
2.3	网源配合		
2.3.1	（1）按照电网调度部门的要求，及时上报主设备继电保护参数及定值。 （2）按照电网调度部门的要求，200MW 及以上并网机组及时上报发电机-变压器组的失磁、失步、阻抗、零序电流和电压、复合电压闭锁过流，以及发电机的过电压和低电压、低频率和高频率等保护的定值。 （3）执行电网公司下发的安全稳控装置的定值和控制策略。 （4）发电机组实现电网线路近距离短路时低电压穿越功能是否满足电网要求	查看资料及试验报告	（1）是否按照电网调度部门要求，上报主设备继电保护参数及定值。 （2）是否执行电网公司下发的安全稳控装置的控制方案。 （3）发电机保护是否满足电网要求
2.4	继电保护和安全自动装置的运行和维护		
2.4.1	发电机、主变压器、高压厂用变压器（含高压厂用备用变压器）、母线、断路器失灵、非全相、500kV 电抗器和 110kV 及以上线路保护装置和安全自动装置应按有关规程规定和各种反措要求正常投入运行	查阅有关台账、记录、规程，现场检查	（1）是否有保护和安全自动装置的投退记录，保护和安全自动装置的反事故措施是否全面落实。 （2）主保护退出运行、是否存在严重问题
2.4.2	故障录波装置应正常投入，工作情况良好。200MW 以上发电机-变压器组应配置专用故障录波装置	现场检查，对照设备查阅有关记录	（1）故障录波装置是否正常投入。 （2）200MW 以上发电机-变压器组是否配置专用故障录波装置
2.4.3	变压器检修工作时，应认真校验气体继电器的整定动作情况。对大型变压器应配备经校验性能良好、整定正确的气体继电器作为备品，并做好相应的管理工作	查看校验报告和备品	是否进行气体继电器校验，大型变压器是否配备气体继电器作为备品

表 F.1（续）

序号	检 查 项 目	检查方法	评 价 标 准
2.4.4	保护室应有防尘、防火和防小动物的措施；微机型继电保护装置室内最大相对湿度不应超过75%，环境温度应在5℃～30℃范围内，若超过此范围应装设空调。空调的管理要列入规程	现场检查。对照设备查阅有关记录	（1）保护室是否符合环境条件要求；防尘、防火和防小动物的措施是否齐全。 （2）温度、湿度是否在合格的范围内。 （3）保护室空调是否列入管理规定
2.4.5	保护向量测试应符合规定：电压核相正确；差流（电压）应在正常范围内；注意对中性线电流进行测试，并形成正式测试报告	查阅测试记录	（1）保护向量测试是否符合规定。 （2）中性线线电流是否测试，是否形成测试报告
2.4.6	继电保护定值变动应认真执行定值通知单制度，各保护定值应与定值单相符	对照检查试验报告、通知单、记录和台账卡片，抽查主要设备	（1）继电保护定值变动是否符合程序。 （2）保护装置输入定值是否与定值单相符
2.4.7	机组新投产或大修后保护及安全自动装置静、动态试验的试验报告应完整，各种试验项目应齐全	检查试验报告	（1）试验项目是否齐全，是否按照启动运行规程要求进行试验。 （2）保护班组是否存有全部试验报告，报告是否完整
2.4.9	（1）保护和安全自动装置的试验（调试）报告应内容齐全。整组传动、动态试验有详细记录。 （2）报告应有试验结论及审批记录。各种保护、自动装置的传动项目、结果和相量测试应写入试验报告	检查试验报告、记录	（1）调试报告和记录是否内容齐全，是否符合要求。 （2）重要试验报告是否有结论，审批手续是否完善
2.5	装置本体及反措		
2.5.1	保护和安全自动装置盘柜的继电器、压板、试验端子、操作电源熔断器（空气开关）、端子排等应符合安全要求（包括名称、标志是否齐全、清晰）	现场抽查	（1）装置本体是否符合安全要求，是否存在严重问题。 （2）是否存在缺失现象
2.5.2	（1）发电机定子接地保护、转子接地保护应经过试验，并按规定投入。 （2）100MW及以上容量发电机定子接地保护宜将基波零序保护与三次谐波保护的出口分开，三次谐波保护投信号	现场检查、查看试验报告	（1）发电机定、转子接地保护是否经过试验；是否按要求投入。 （2）基波零序和三次谐波保护的出口是否分开，投退是否正确
2.5.3	（1）保护和安全自动装置的二次回路应采用屏蔽电缆。 （2）强、弱电要分开，不得共用一根电缆	现场检查	（1）二次回路是否使用屏蔽电缆。 （2）强、弱电是否分开
2.5.4	（1）发电机-变压器组非电量保护中间继电器，必须由强电直流启动且应采用启动功率大于5W的中间继电器，其动作速度不宜小于10ms。 （2）直流额定电压为220V的直流继电器线圈线径不得小于0.09mm	查阅检验报告	（1）中间继电器功率是否大于5W，是否有厂家校验报告。 （2）直流继电器的线圈线径是否符合要求。 （3）以上数据是否进行校核
2.5.5	（1）控制、保护直流分开供电。 （2）两套主保护分别经专用熔断器（空气开关）由不同直流母线供电。 （3）非电量保护应设置独立的电源回路	现场检查	（1）控制、保护直流是否分开。 （2）两套主保护是否由不同的直流母线供电。 （3）非电量保护是否设置独立的电压回路
2.5.6	微机、集成电路保护盘1m内禁用对讲机和手机。在规定范围、地点应有明显的标示	现场检查	保护室、电子间等规定范围、地点是否有明显标示
2.5.7	（1）户外端子箱应封堵严密，箱体门可靠，防尘防潮。 （2）变压器有载分接开关及本体气体继电器应加装防雨罩	现场检查	（1）是否封堵严密，防尘、防潮措施是否完善。 （2）有载分接开关及气体继电器是否加装防雨罩
2.5.8	运行机组正常停机打闸后，将发电机与系统解列是否采用逆功率保护动作解列	查阅图纸	是否实现逆功率保护动作解列，定值是否合理

表 F.1（续）

序号	检 查 项 目	检查方法	评 价 标 准
2.5.9	（1）同期装置是否按期进行校验。 （2）发电机同期系统是否有同期闭锁继电器及回路	检查装置和试验报告	（1）自动准同期装置是否定期校验。 （2）是否有同期闭锁继电器及回路
2.5.10	（1）线路及 500kV 联络变压器均启动失灵保护。 （2）启动失灵的变压器保护，其瓦斯保护出口必须与其他保护分开，瓦斯保护不启动失灵。 （3）直接接于 220kV 以上系统的发变机-变压器组保护应启动失灵	现场检查	（1）线路及 500kV 联络变压器是否启动失灵保护。 （2）瓦斯保护是否符合要求。 （3）直接接于 220kV 的发电机-变压器组保护是否启动失灵
2.5.11	（1）二次回路连接牢固、定期清扫没有灰尘、排列整齐、端子排没有松动。 （2）电缆屏蔽层两侧可靠接地	现场检查	（1）二次回路接线是否符合要求。 （2）电缆屏蔽层两侧是否可靠接地
2.5.12	（1）检查 PT 二次回路，保证 $3U_0$ 极性正确性，并保证 PT 二次仅一点接地，星形及开口三角接线的"N"必须分开。 （2）电流回路只能一点接地，有电气联系的 CT 在连接处一点接地	现场检查	（1）检查电压二次回路接线是否符合要求。 （2）检查电流二次回路接线是否符合要求
2.5.13	（1）电缆夹层按要求敷设 100mm² 铜排并首尾连接，保护盘应与接地铜排连接。 （2）接地铜排是否满足要求，是否与开关场端子箱连接	现场检查	（1）是否敷设符合要求的接地铜排。 （2）是否与开关场端子箱连接
2.5.14	应有防跳回路的试验方案和试验记录	查阅资料和报告	是否有试验方案及试验记录
2.5.15	保护装置的尾纤弯曲直径应不小于 10cm	现场检查	是否进行测量；是否符合要求
2.5.16	两套主保护分别作用于两个跳闸线圈，非电量保护同时跳两个线圈	现场检查	两套主保护及非电量保护是否符合要求
2.5.17	（1）微机型继电保护装置柜屏内的交流供电电源（照明、打印机和调制解调器）的中性线（零线）不应接入等电位接地网。 （2）照明、打印机和调制解调器的电源必须经空气开关或熔断器接入	现场查看	（1）中性线（零线）是否接入等电位接地网。 （2）照明、打印机和调制解调器的电源是否经空气开关或熔断器接入
2.5.18	（1）保护和安全自动装置具有必需的备品备件。 （2）备品备件满足存放环境的要求	现场检查	（1）每一重要装置是否有备件。 （2）存放环境是否满足要求
2.6	试验仪器、仪表		
2.6.1	（1）建立试验仪器、仪表台账，具有使用说明书。 （2）台账栏目包括：仪表型号、技术参数、购入时间、供货单位；检验周期、日期、使用状态等。 （3）根据需要编制专用仪表操作规程	查阅资料或电子文档	（1）是否建立实验室仪器、仪表台账。 （2）台账内容是否完善。 （3）是否编制操作规程
2.6.2	（1）试验仪器、仪表清洁、摆放整齐，存放地点整洁，温湿度合格。 （2）仪器分类摆放，在用、不合格待修理、报废仪器分别存放	现场检查	（1）摆放是否整齐，存放地点是否符合要求。 （2）是否分类摆放，或分类是否明确
2.6.3	（1）有准确度要求的试验设备定期校验，并标识。 （2）校验计划和报告完整齐全	查阅校验报告，现场查看设备	（1）是否有准确度要求的试验设备定期校验，并标识。 （2）校验计划和报告是否完整齐全
二、	励磁可靠性评价标准		
1	励磁技术监督管理		
1.1	组织体系建设		
1.1.1	建立健全技术监督网络，设置专职人，并根据人员变化及时修订完善	查看岗位职责文件及相关工作	（1）是否建立有监督网络，是否设置有专责人。 （2）人员变化是否及时修订完善。 （3）监督网络是否进行审批

表 F.1（续）

序号	检 查 项 目	检查方法	评 价 标 准
1.1.2	各级岗位职责明确，落实到人	查看技术监督组织机构文件	（1）岗位设置职责是否明确。 （2）是否落实到责任人
1.1.3	结合本单位情况制定励磁系统技术监督实施细则	查看监督实施细则	是否制定结合本单位实际情况的技术监督实施细则
1.2	制度、技术资料管理及报表编制		
1.2.1	（1）常用国家和行业相关标准、规程齐全（见实施细则中的引用标准文件）。 （2）根据设备异动情况及时更新有关制度	查阅标准、规程	（1）常用国家和行业相关标准、规程是否齐全。 （2）制定的制度是否符合国家和行业规范。 （3）是否根据设备异动情况更新有关制度，是否符合本单位实际情况
1.2.2	应具备的技术资料： （1）二次回路（包括控制及信号回路）设计竣工图。 （2）一次设备主接线图及主设备参数、励磁系统屏柜内部接线图。 （3）励磁系统传递函数总框图及参数说明。 （4）励磁系统屏柜的端子排图。 （5）励磁系统的原理说明书、原理逻辑图。 （6）程序框图、分板图及元器件参数。 （7）励磁系统的投产交接试验报告及检修后试验报告。 （8）励磁系统参数测试及PSS试验报告。 （9）发电机组进相试验报告。 （10）励磁系统及二次回路技术改造相关文件（若有）	检查设计、设备厂家、技改文件资料； 检查试验报告应包括试验项目、方法、结果、试验中发现的问题及处理方法、试验负责人、试验参加人、试验使用的仪器仪表、设备和试验日期等内容；改进说明应包括改进原因，批准人、执行人和改进日期	（1）各类技术资料内容是否齐全，是否保持其完整性和连续性。 （2）根据设备异动情况，是否及时更新记录内容。 （3）技术资料是否全面，是否与现场保持一致。 （4）各类试验报告是否齐全，是否有结论
1.2.3	企业应编制的主要规程、制度： （1）运行规程和检修规程（含励磁系统部分）。 （2）试验用仪器仪表使用、操作规程及定期检定规程。 （3）励磁调节器定值单管理制度（可与继电保护合并，内容应完整）。 （4）励磁系统功能投退管理制度（可与继电保护合并，内容应完整）。 （5）定期校验制度。 （6）现场巡回检查制度。 （7）设备缺陷和事故统计管理制度。 （8）技术资料、图纸管理制度。 （9）技术培训制度。 （10）微机励磁软件版本管理制度（可与继电保护合并，内容应完整）。 （11）技术监督工作考核奖励制度	检查各项规程、制度的文件	（1）是否编制运行及检修规程（含励磁系统部分）。 （2）是否有仪器仪表使用、操作规程及定检规程。 （3）各项管理制度是否齐全，是否和现场一致。 （4）是否建立软件版本管理制度，并与现场一致
2	励磁系统考核指标		
2.1	励磁系统考核指标 （1）因励磁系统故障引起的发电机强迫停运次数不大于0.25次/年，励磁系统强行切除率不大于0.1%。 （2）励磁系统定子电压自动控制方式应按要求正常投入，年投入率大于99%，PSS强行切除次数满足地方调度要求。 （3）励磁系统投运动态性能合格率为100%。 （4）励磁系统投入的限制、保护环节正确动作率为100%	检查记录资料	（1）是否按照标准执行，对于200MW以上机组，要求AVR投入率99%。 （2）动态性能合格率是否达到100%。 （3）限制、保护环节正确动作率是否达到100%。 （4）是否完整或漏项，是否存有全部检验报告
3	励磁技术监督范围及主要工作内容		

表 F.1（续）

序号	检 查 项 目	检查方法	评 价 标 准
3.1	控制参数与保护定值		
3.1.1	（1）按照电网调度部门的要求，及时上报涉网保护定值、励磁系统总体传递函数框图、控制参数、励磁系统模型参数测试报告及 PSS 试验报告。 （2）按照规程进行发电机进相试验，进相运行限额值时上报电网调度部门并批复。 （3）励磁调节器定值单内容完整，资料室存档，运行和维护人员留存	查看资料及试验报告	（1）是否进行参数测试和 PSS 试验，是否有试验报告。 （2）是否进行进相试验，是否上报相关资料。是否有电网公司下发的进相运行限额值。 （3）励磁调节器定值单内容是否完整，是否和现场一致。 （4）定值单是否存档，运行和维护人员是否持有
3.1.2	（1）发电机励磁系统正常应投入自动电压控制和 PSS。 （2）辅助限制环节应按要求正常投运	现场检查及查阅缺陷记录	（1）AVR 自动方式投入率是否满足要求，PSS 投入率是否满足要求。 （2）辅助限制环节是否投入
3.1.3	励磁自动电压调节器各主要限制环节定值应合理并满足与继电保护的配合关系： （1）低励限制应先于失磁保护动作。 （2）过励限制应先于发电机转子过负荷保护动作。 （3）定子过流限制应先于发电机定子过负荷动作。 （4）V/Hz 限制应先于发电机和主变压器过励磁保护动作	查看整定计算和校核资料	（1）校核励磁限制环节定值是否满足与继电保护的配合关系。 （2）励磁调节器有关定值整定是否合理
3.2	励磁系统及二次系统设计		
3.2.1	（1）励磁盘柜之间接地母排与接地网应连接良好，应采用截面积不小于 $50mm^2$ 的接地电线或铜编织线与接地扁铁可靠连接，连接点应镀锡。 （2）励磁系统按继电保护要求敷设等电位接地网，励磁系统二次回路应采用屏蔽电缆，电缆屏蔽层接入等电位接地网	现场检查	（1）盘柜之间接地母排与接地网是否连接良好，接地是否符合要求。 （2）敷设是否符合要求；是否使用屏蔽电缆；是否接入等电位接地网
3.2.2	发电机主辅励磁机及励磁变压器、功率整流装置、励磁调节器（包括 PSS 功能的其他附加控制单元）、手动励磁控制单元、灭磁装置和转子过电压保护、启动、励磁专用电压互感器及电流互感器、励磁回路电缆、母线等设备的设计要符合有关规程规定及各种反措要求	对照设备查阅有关技术资料	每一设备的设计是否符合技术规程要求
3.2.3	两套调节器的电压回路应分别取自不同 PT 的二次绕组	现场察看	PT 二次回路接入是否正确
3.2.4	励磁变压器设计容量是否满足强励要求，并考虑有 10%以上的裕度，满足 1.1 倍额定短路电流试验的要求	查阅技术资料	（1）励磁变压器设计容量是否满足强励要求。 （2）是否满足 1.1 倍短路电流试验要求
3.2.5	功率整流装置的一个柜（支路）退出运行时应能满足发电机强励和 1.1 倍额定励磁电流运行要求	检查设计文件及整流装置技术文件	功率整流配置是否满足要求
3.2.6	二次回路图纸应与装置实际相符	现场核对	（1）二次回路图纸是否与装置实际相符。 （2）是否根据现场实际情况进行修订
3.3	励磁系统的运行和维护		
3.3.1	（1）励磁系统中励磁变压器、灭磁断路器、转子滑环等设备应按规定进行定期巡检。 （2）定期清理或更换整流柜滤网	现场检查及查阅缺陷记录	（1）现场是否发现发电机转子滑环温度、励磁变压器温度缺少监测手段，励磁变压器温控器是否定期校验。 （2）是否定期清理或更换整流柜滤网
3.3.2	（1）励磁系统的晶闸管整流器或硅整流器应进行过均流电压检查，励磁系统设备运行中是否发生过热现象，对易发热部件是否用热成像仪测温。	查阅和红外成像测试记录和巡检检查记录	（1）整流器是否进行均流检查或均流系数是否满足要求，是否有红外热成像仪测温报告。 （2）电压调节范围是否达到要求

表 F.1（续）

序号	检 查 项 目	检查方法	评 价 标 准
3.3.2	（2）电压调节范围应达到要求，在调节范围内能稳定平滑调节		
3.3.3	励磁盘柜的继电器、试验端子、操作电源熔断器、端子排等应符合安全要求（包括名称、标志是否齐全、清晰）	对照实物与安装图进行现场检查	励磁系统安装接线是否符合要求
3.3.4	向量测试应符合规定：电压核相正确并形成正式测试报告	查阅测试记录	（1）测量或数值是否异常。 （2）核相必须正确，并形成正式的测试报告
3.3.5	（1）励磁调节器控制参数变动应认真执行定值通知单制度，各控制参数应与定值单相符。 （2）发电机组应进行过进相试验并编入运行规程，PSS 应进行试验并具备投入条件	对照检查试验报告、定值通知单、记录和台账卡片，抽查主要设备	（1）主要控制参数和定值单是否相符要求。 （2）发电机进相运行是否编入运行规程，PSS 是否具备投入条件
3.3.6	新投产或改造后励磁系统静、动态试验的试验报告应完整，各种试验项目应齐全： 要求在机组启动试验过程中，进行励磁调节器的启励试验、切换试验、阶跃试验、灭磁试验、V/Hz 限制试验、PT 断线试验、频率特性试验、过励限制、低励限制试验、定子电流限制、甩无功试验、PSS 试验、灭磁开关动作电压特性试验，全面验证励磁系统技术性能	检查试验报告	（1）试验项目是否齐全，试验方法是否符合规程，结论是否错误。 （2）是否有签章的正式试验报告单
3.3.7	（1）按期编制年度校验计划。 （2）按作业指导书对励磁系统进行定期校验	查阅计划文本、作业指导书及有关记录	（1）是否进行年度校验。 （2）作业指导书是否完整，是否按照作业指导书进行校验
3.3.8	（1）励磁小室应有防尘、防火和防小动物的措施。 （2）励磁小室应配备空调等降温设施，空调的运行方式及管理要列入运行规程	现场检查	（1）励磁小间的环境条件是否满足要求；防尘、防火和防小动物的措施是否齐全。 （2）是否有空调管理规定
3.5.9	（1）励磁设备具有必需的备品备件。 （2）备件满足存放环境的要求	现场检查	（1）重要装置是否有备件。 （2）备品的存放环境是否满足环境要求
三、	电测可靠性评价标准		
1	电测技术监督管理工作		
1.1	技术监督组织机构		
1.1.1	建立健全三级电测技术监督网络；技术监督网络成员分工明确，落实到人	检查组织机构文件，与相关人员座谈	（1）是否建立监督网络。 （2）监督网络是否进行审批。 （3）监督网每一级成员是否落实到人
1.1.2	监督网络根据人员、岗位变化进行调整，每年下发文件	检查组织机构文件，与相关人员座谈	（1）人员岗位变动是否及时修订。 （2）修订后是否下发文件
1.2	技术监督规章制度		
1.2.1	制定电测专业技术监督工作制度	按"细则"5.2.2 检查企业制定的技术监督规章制度	（1）工作制度制定是否齐全。 （2）工作制度制定修订是否及时。 （3）是否有审批流程
1.2.2	配备国家、行业及集团公司有关技术监督规程、文件	按"火电企业燃煤机组电测技术监督实施细则"附录 A 检查相关的规程、文件	（1）规范性文件配备是否齐全。 （2）设计审查规程，配备是否齐全。 （3）检定规程配备是否齐全
1.2.3	结合本单位情况，机组投运后制定《继电保护技术监督实施细则》		是否制定结合本单位实际情况的《技术监督实施细则》
1.3	技术监督工作计划		

表 F.1（续）

序号	检 查 项 目	检查方法	评 价 标 准
1.3.1	计划包括：管理制度、工作标准的制定和修订计划；定期工作计划；技术改造计划；仪器仪表送检计划等	检查技术监督工作计划	（1）是否制定各类工作计划。 （2）计划制定时间、依据是否符合要求。 （3）制定的计划是否有审批流程
1.3.2	技术监督工作计划应结合本企业电气一、二次设备检修计划和电网调度计划进行制定	与相关人员沟通，了解电气一、二次设备检修计划和电网调度计划情况	（1）是否结合电气一、二次设备检修计划和电网调度计划制定本专业工作计划。 （2）计划制定时间、依据是否符合要求。 （3）计划是否有审批流程
1.3.3	电测检定人员具有相应能力，并满足有关计量法律法规要求	检查专业技术人员上岗资质	（1）是否有岗位能力证明。 （2）是否满足计量法律法规要求
1.4	电测计量标准实验室		
1.4.1	（1）应配备专用工作服、鞋及存放设施。 （2）应配备温度计、湿度计及空调等设施	查看实验室	（1）是否配备专用工作服、鞋及存放设施。 （2）是否配备温度计、湿度计及空调设施。 （3）配备设施是否符合要求
1.4.2	（1）标准实验室应有防火措施。 （2）动力电源与照明电源应分路设置。 （3）动力电源容量按实际所需容量的3倍设计，试验装置的接地线是否安装且牢固，接地良好	查看实验室	（1）是否有符合要求的防火设施。 （2）动力电源与照明电源是否分开。 （3）动力电源容量是否符合设计要求。 （4）接地线是否安装牢固，并良好接地
1.4.3	（1）环境条件符合要求，防尘、防振、防电磁干扰、防辐射措施符合要求。 （2）建立缓冲间。 （3）配备温度计、湿度计、空调等监测设备	查看实验室	（1）环境是否符合要求，门、窗是否严密。 （2）是否建立实验室内缓冲间。 （3）是否配备温度计、湿度计和空调等监测设备
1.4.4	建立标准实验室管理制度： （1）电测技术监督制度。 （2）电动机监督实施细则。 （3）关口计量装置管理制度。 （4）仪器仪表送检及周检制度。 （5）C类仪器仪表管理制度		（1）是否建立标准实验室管理制度。 （2）制度是否齐全，是否符合现场要求
1.4.5	（1）编制仪器仪表使用、操作、维护规程。 （2）结合本单位情况及时修订	查看实验室	（1）是否编制仪器仪表相关规程。 （2）是否结合本单位情况进行修订。 （3）是否有审批流程
1.4.6	标准电测实验室应配备下列检定装置： （1）交流采样测量装置检定装置。 （2）电量变送器检定装置。 （3）绝缘电阻表、万用表、钳形电流表检定装置。 （4）交流电能表检定装置		（1）是否按照要求配置标准仪表。 （2）配置的仪器仪表是否稳定，等级是否符合要求。 （3）配置的仪器仪表功能是否不全
1.5	仪器仪表管理		
1.5.1	仪器仪表设备台账齐全	查看仪器仪表设备台账	（1）是否建立仪器仪表设备台账。 （2）仪器仪表设备台账信息是否够。 （3）仪器仪表设备台账是否缺项
1.5.2	对委托服务单位资质进行资质审核	火电企业采用外部委托方式开展电测计量检定，受委托服务单位资质应满足细则有关要求，检查相关资质说明文件	（1）是否有计量标准合格证书或实验室认可资质证书。 （2）计量标准是否有有效期内检定证书（除计量标准溯源单位）。 （3）计量检定人员是否有上岗证明（除计量标准溯源单位）。 （4）上述内容是否符合要求，本企业是否进行备案
1.6	建立健全监督档案		

表 F.1（续）

序号	检 查 项 目	检查方法	评 价 标 准
1.6.1	建立计量标准使用记录，使用检定合格计量标准	检查计量标准使用记录和仪器仪表检定记录中计量标准仪器使用情况	（1）是否建立计量标准使用记录。 （2）是否使用校验不合格的仪器.
1.6.2	档案存放规范	查看技术资料和档案	（1）是否有专用资料柜。 （2）是否配备足够的资料盒。 （3）档案存放是否分类
1.6.3	建立健全技术监督档案	查看技术监督档案	（1）档案是否缺项。 （2）档案内容是否符合实际
1.6.4	档案借阅归还记录齐全	查看技术资料和档案目录借阅归还记录	（1）是否有档案借阅、归还记录。 （2）档案借阅归还记录是否认真填写。 （3）目录中的档案是否缺项
1.6.5	档案目录设置合理	查看技术资料和档案目录	（1）是否有设置档案目录。 （2）档案分类是否有编号。 （3）分类编号与资料盒是否对应
1.7	工作报告报送管理		
1.7.1	当专业发生重大监督指标异常，设备重大缺陷、故障和损坏事件,火灾事故等重大事件后的24h 内，应将事件概况、原因分析、采取措施迅速报送至上级单位	查看监督速报	（1）是否按要求上报监督速报。 （2）是否在事故的 24h 内及时报送。 （3）上报内容是否缺失。 （4）事件原因分析是否清楚、整改是否彻底、责任是否落实
1.7.2	按要求及时报送监督月报季报和年报	查看季度报表及上报记录	（1）报表是否缺失。 （2）报表数据是否真实。 （3）是否按标准格式填写报表。 （4）是否有审批流程
1.7.3	每年要进行技术监督自查，并撰写自查报告	检查自查报告和检查报告	（1）是否有自查报告。 （2）自查报告和检查报告是否分数相差 10%分以上。 （3）是否有审批流程
1.8	评价与考核		
1.8.1	年度监督工作计划完成率 100%	检查试验报告、检定记录、班长工作日志	（1）年度工作计划是否完成，是否低于 100%。 （2）计划完成后是否有工作小结。 （3）工作小结是否有审批流程
1.8.2	对于所有电测监督提出的问题，都能落实责任人，并有工作记录	检查考核记录	（1）监督存在问题是否落实到责任人。 （2）解决问题是否缺少工作记录
1.8.3	对自查及检查和监督报警问题等需要整改完成的问题，应保存相关的试验报告、现场图片、影像等技术资料	查看相关记录、整改计划、试验报告等	（1）整改是否有试验报告。 （2）整改是否有其他图片、影像等技术资料
2	电测专业技术工作		
2.1	技术监督检查问题		
2.1.1	计量标准校验率、合格率 100%	查看计量标准周期检定证书	（1）计量标准校验率是否达标，是否达到 100%。 （2）计量标准合格率是否达标，是否达到 100%。 （3）年变差是否超差。 （4）计量标准完成检验（校准）半年内是否有报告

表 F.1（续）

序号	检 查 项 目	检查方法	评 价 标 准
2.1.2	各种电测仪器仪表校验率为100%	查看仪器仪表周期检定证书、原始记录	（1）携带式仪表校验率是否达标，是否达到100%。 （2）重要仪器仪表校验率是否达标，是否达到100%。 （3）其他仪表校验率是否达标，是否达到100%。 （4）完成检验一个季度内是否有报告或原始记录。 （5）检定原始记录格式是否符合要求。 （6）检定原始记录填写是否正确
2.1.3	计量标准考核率100%	查看计量标准考核证书	（1）计量标准是否考核（复查）。 （2）计量标准考核（复查），是否缺项
2.1.4	其他仪器仪表调前合格率不低于95%	查看仪器仪表检定证书、原始记录	（1）仪表调前合格率是否达标，是否达到95%。 （2）年变差是否超差
2.1.5	携带式仪表、重要仪器仪表调前合格率不低于98%	查看仪器仪表周期检定证书、原始记录	（1）携带式仪表调前合格率是否达标，是否达到98%。 （2）年变差是否超差
2.1.6	关口电能计量装置中电流互感器、电压互感器检验率均100%	检查电流互感器、电压互感器检验报告	（1）是否按周期检验。 （2）完成检验半年是否取得检验报告
2.1.7	关口电能计量装置中电能表检验率100%	检查关口电能计量装置中电能表检验报告	（1）检验率是否达标，是否达到100%。 （2）完成检验半年是否取得检验报告
2.1.8	当二次回路及其负荷变动时，应及时进行现场检验	检查关口电能计量装置中互感器二次回路负荷检测报告	（1）是否按要求检验。 （2）完成检验半年是否取得检测报告
2.1.9	关口电能计量装置中电压互感器二次回路导线压降检验率100%	检查关口电能计量装置中电压互感器二次回路导线压降检测报告	（1）是否完成周期测试。 （2）完成检测半年是否取得检测报告
2.2	设计审查及设备选型		
2.2.1	关口电能计量装置中电能表、电流互感器、电压互感器及电压互感器二次回路导线压降合格率均应100%	检查关口电能计量装置中电能表、电流互感器、电压互感器及电压互感器二次回路导线压降检验报告	（1）关口计量表计二次回路压降是否进行测试。 （2）测试结果是否符合要求
2.2.2	（1）设备选型满足技术规程要求。 （2）设备应具有完整的说明书	查看设备订购技术协议，查看设备是否满足技术规程要求	（1）是否参加设备选型会议。 （2）订购设备是否满足技术规程要求。 （3）设备是否有说明书，说明书是否按要求存档
2.3	设备验收、试验		
2.3.1	电测计量方式原理图	查看计量标准、关口计量装置、现场安装计量设备资料	（1）验收设备是否有计量方式原理图。 （2）计量方式原理图是否存档
2.3.2	出厂检验报告	查看计量标准、关口计量装置、现场安装计量设备资料	（1）验收设备是否有出厂检验报告。 （2）出厂检验报告是否存档

表 F.1（续）

序号	检 查 项 目	检查方法	评 价 标 准
2.3.3	法定授权机构检定报告	查看计量标准、关口计量装置、现场安装计量设备资料	（1）是否有关口电能表、电流互感器、电压互感器投运前检定证书。 （2）是否有对新投运或改造后的电能计量装置在带负荷运行一个月内进行首次电能表现场校验。 （3）是否有电压互感器二次回路导线压降、互感器二次回路负荷投产初期测试报告。 （4）是否有重要仪器仪表投运前检定报告
2.3.4	电测系统的一、二次图纸	查看计量标准、关口计量装置、现场安装计量设备资料	（1）验收设备是否有一、二次回路图纸及接线图。 （2）一、二次回路图纸及接线图是否存档
2.4	电测设备电压、电流回路检查		
2.4.1	电测设备粘贴检验标识	检查现场运行计量器具	（1）是否粘贴计量检定标识。 （2）标识颜色是否正确。 （3）标识内是否填写设备检验有效期
2.4.2	电测设备检定结束恢复接线后，进行设备绝缘性能试验	检查试验记录，与相关人员座谈	（1）是否按要求进行绝缘性能试验。 （2）试验方法是否正确
2.4.3	电测设备电压、电流回路拆接线工作结束后，进行回路正确性检查	检查试验记录，与相关人员座谈	（1）是否按要求对回路进行检查。 （2）是否结合工作情况，选用正确方法
2.4.4	电测屏柜内未布置无关设备	检查电测专业相关屏柜	屏柜内是否有无关设备
2.4.5	二次回路接线规范，端子排标识、回路编号准确、清晰	检查电测专业相关屏柜	不同线径回路是否并接于同一端子；端子排标识、回路编号是否符合要求
2.4.6	（1）重要变送器供电电源应由 UPS 供电。 （2）UPS 按规程定期做切换试验	检查重要变送器供电电源及图纸资料	（1）变送器是否由 UPS 供电；供电是可靠。 （2）UPS 是否按规程定期做切换试验
2.4.7	重要变送器电压回路、辅助电源回路应在本屏柜内端子排分别引接	检查重要设备工作回路、供电电源及图纸资料	（1）变送器电压回路是否经独立的开关控制。 （2）电压回路是否经端子排并接了多个变送器。 （3）变送器辅助电源回路是否经独立的开关控制。 （4）辅助电源回路是否经端子排并接多个变送器
2.4.8	单台集成变送器只允许输出 1 路参与控制电气量	检查集成变送器安装选型及图纸资料	（1）是否满足要求。 （2）工作电源是否由 UPS 供电。 （3）工作电源是否经独立的开关控制。 （4）参与控制重要设备的变送器是否有备品、备件
2.5	关口计量装置配置		
2.5.1	计量电能表、互感器配置	查看电能计量装置配置原理图或接线图	（1）有功电能表是否满足 0.2S 级要求。 （2）电压互感器准确度等级是否满足 0.2 级。 （3）电流互感器准确度等级是否满足 0.2S 级
2.5.2	试验接线盒	检查关口计量回路现场接线	（1）电能计量专用电压、电流互感器或专用二次绕组及其二次回路是否有计量专用二次接线盒及试验接线盒。 （2）电能表与试验接线盒是否按一对一原则配置
2.5.3	电能计量专用电压、电流互感器及其二次回路	检查计量回路一、二次接线图	（1）是否配置电能计量专用电压、电流互感器或专用二次绕组。 （2）是否接入与电能计量无关的设备
2.5.4	电能计量装置应具有电压失压计时功能	检查关口计量回路现场接线	电能计量装置是否配置电压失压计时器

表 F.1（续）

序号	检 查 项 目	检查方法	评 价 标 准
2.5.5	主副电能表	检查关口计量回路现场接线	（1）是否配备计量有功电量的主副两只电能表。 （2）配置的主副两只表型号、准确度等级是否不同
2.5.6	互感器二次回路导线截面积	检查关口计量回路现场接线	（1）互感器二次回路的连接导线是否采用铜质单芯绝缘线。 （2）电流二次回路连接导线截面积是否达到4mm²。 （3）电压二次回路连接导线截面积是否达到2.5mm²
四、	直流系统可靠性评价标准		
1	直流系统专业监督		
1.1	（1）维护电池是否定期测试单个蓄电池的端电压。 （2）测试记录是否齐全	查阅现场记录	（1）单个电池端电压是否正常。 （2）测试记录是否齐全；电池端电压是否有不合格
1.2	浮充电运行的蓄电池组浮充电压或电流调整控制是否合适	现场检查，查阅运行记录	是否有欠充、过充现象
1.3	330kV 及以上电压等级升压站是否采用三台充电、浮充电装置，两组蓄电池组的供电方式	现场检查	（1）是否采用三台充电装置。 （2）是否采用两组蓄电池的供电方式
1.4	蓄电池组是否按规程和反措要求进行核对性放电试验	查阅试验记录	（1）是否定期进行核对性放电试验，是否超试验周期。 （2）充放电记录是否完整齐全
1.5	（1）直流系统的电缆是否采用阻燃电缆。 （2）两组蓄电池的电缆是否分别铺设在各自独立的通道内	现场检查	（1）直流系统是否采用阻燃电缆。 （2）电缆铺设是否在同一通道内
1.6	（1）充电装置的交流输入电源要求具备两路自动切换。 （2）交流进线要求安装防止过电压的保护措施（两台以上充电机，各充电机的交流输入电压应互相独立）	现场检查，查阅运行记录	（1）是否两路不能自动切换。 （2）是否采取防止过电压的保护措施
1.7	直流母线电压是否正常	现场检查	是否超出正常范围
1.8	蓄电池室通风、消防、防爆措施是否完善，温湿度正常；蓄电池是否有漏液现象	现场检查	（1）蓄电池室措施是否完备，照明器材是否非防爆型。 （2）蓄电池是否有漏液现象
1.9	（1）现场有无符合实际情况的直流系统接线图和网络图，并表明正常运行方式。 （2）系统接线方式和运行方式是否合理、可靠	现场检查，查阅图纸	（1）是否有图纸或图纸是否符合实际情况。 （2）接线方式是否合理运行是否可靠
1.10	（1）直流系统是否存在经常性或雨季直流接地情况。 （2）处理是否及时，是否对运行设备造成影响	查阅设备（监察装置）运行记录，现场测试	（1）是否存在接地超过 12h 未恢复正常。 （2）是否对运行设备造成影响
1.11	（1）直流系统绝缘监察装置的测量部分和信号部分是否正常投入。 （2）直流母线电压监测装置是否正常投入。直流系统绝缘监测装置，应具有增加交流窜直流故障的测记和报警功能	现场检查，查阅试验记录	（1）是否存在信号失灵缺陷或测量部分功能异常现象。 （2）直流系统绝缘监察装置是否正常投入，是否与交流窜入报警功能
1.12	（1）直流系统各级保险、空气开关的定值应定期核对，以级差配合，以满足动作选择性的要求。 （2）现场应有各种规格的备件，抽查核对是否合格	查阅校核记录，现场抽查，每支路至少抽查一支，抽查数宜大于 10 支	（1）定值是否核定，是否有级差配合。 （2）备件是否符合安全性要求

表 F.1（续）

序号	检 查 项 目	检查方法	评 价 标 准
1.13	事故照明技术措施是否完善、可靠	现场检查试验	自投装置是否失灵，事故照明是否良好、是否定期试验
1.14	（1）浮充机和强充机的运行是否稳定。 （2）电压、电流稳定度、纹波系数是否符合要求	现场检查，查阅试验记录、出厂试验报告	（1）设备性能是否存在问题。 （2）稳定度和纹波系统是否符合要求
1.15	机组直流系统和升压站直流系统端子排是否存在与交流端子排混用的现象	现场检查	（1）直流系统端子是否和交流端子混用。 （2）接线是否要求
1.16	升压站控制用直流系统与保护用直流系统是否相互独立	现场检查	两个系统是否未分开

附　录　G
（资料性附录）
发电厂可靠性评价检查发现问题及整改措施

表 G.1　问题及整改措施记录表

年　月   第　页

项目序号	发现问题	整改措施	责任单位	责任人	完成时间	完成情况